Gráficas de Gráficas

Introducción a teoría de categorías

Zbigniew Oziewicz y
Fernando Raymundo Velázquez Quesada

30 de enero de 2012

Número de Control de la Biblioteca del Congreso de EE. UU.: 2012920632

ISBN: Tapa Blanda 978-1-4633-4218-0
Libro Electrónico 978-1-4633-4217-3

Información de la imprenta disponible en la última página.

Para realizar pedidos de este libro, contacte con:
Palibrio
1663 Liberty Drive
Suite 200
Bloomington, IN 47403
Gratis desde EE. UU. al 877.407.5847
Gratis desde México al 01.800.288.2243
Gratis desde España al 900.866.949
Desde otro país al +1.812.671.9757
Fax: 01.812.355.1576
ventas@palibrio.com
429164

Índice general

Capítulo 1

Introducción

La teoría de categorías fue inventada por Samuel Eilenberg y Saunders MacLane en 1945. Desde entonces, el lenguaje de teoría de categorías ha sido utilizado no solo en matemáticas puras (MacLane 1997; Borceux 1994) sino también en otras disciplinas, incluyendo entre estas a las ciencias de la computación (Gray 1989; Barr and Wells 1996; Youssef 2004). En años recientes la teoría de categorías también se ha utilizado como un lenguaje conceptual fundamental para ciencias interdisciplinarias (Lawvere and Schanuel 1997).

Esta teoría es considerada por muchos como una mejor alternativa que la teoría de conjuntos como fundamento de las matemáticas. En 1963, F. William Lawvere afirmó en Lawvere (1963) (su tesis doctoral) que teoría de conjuntos es un caso particular de teoría de categorías.

Existe una diferencia fundamental entre estas dos teorías. En teoría de conjuntos partimos de las propiedades internas de los conjuntos para conocer sus propiedades externas. En teoría de categorías, la meta es conocer las propiedades internas de los objetos a partir de sus propiedades externas. En otras palabras, en teoría de conjuntos, los mapeos externos se deducen a partir de las propiedades internas del conjunto; lo que caracteriza a un conjunto son sus elementos. En cambio, en teoría de categorías, la estructura interna de los objetos se deduce a partir de las relaciones que tiene con otros objetos; lo que caracteriza a una categoría son las relaciones que tiene con las demás.

Gracias a lo anterior, la teoría de categorías nos permite modelar situaciones que la teoría de conjuntos no. De aquí la importancia de su estudio y comprensión.

1.1. Algunas diferencias entre ambas teorías

Como ya se menciono, la diferencia conceptual fundamental entre teoría de conjuntos y teoría de categorías es que en la primera las propiedades externas de un objeto se deducen a partir de sus propiedades internas mientras que en la segunda las propiedades internas de un objeto se deducen a partir de sus propiedades externas.

En teoría de conjuntos, los conceptos fundamentales son *elemento* y *conjunto*, y a partir de ellos se define el concepto de *mapeo*. En teoría de categorías, el concepto fundamental es el de *morfismo*, y a partir de el se definen los conceptos de *objeto* y *elemento*.

	Teoría de conjuntos	**Teoría de categorías**
Conceptos fundamentales	elemento, conjunto	morfismo
Conceptos derivados	mapeo	objeto, elemento

Cuadro 1.1: Conceptos básicos en teoría de conjuntos y teoría de categorías

Aunque tanto los conceptos de conjunto y objeto como los de mapeo y morfismo difieren en nombres, son esencialmente los mismos. En la tabla 1.2 se muestra la equivalencia entre ellos.

Teoría de conjuntos	**Teoría de categorías**
conjunto	objeto
mapeo	morfismo

Cuadro 1.2: Nombres diferentes en cada teoría

Un *conjunto* **C** se define como una colección de elementos; una *categoría* $\mathcal{C}$ se define como una colección de objetos y una colección de morfismos entre estos objetos que satisfacen ciertas propiedades (las cuales serán presentados a detalle mas adelante). Sin embargo, si nos olvidamos por un momento de estas propiedades (es decir, si no exigimos que estas sean cumplidas), podemos estudiar la estructura fundamental que subyace a toda categoría. A esta estructura, una simple colección de objetos y de morfismos, se le conoce como una *precategoría*.

En la figura 1.1 podemos observar tanto un conjunto como una precategoría. Podemos observar como un conjunto se define en términos de los elementos que lo conforman, y nada mas. Una precategoría se define en cambio en términos de las relaciones que hay entre estos objetos.

Un conjunto

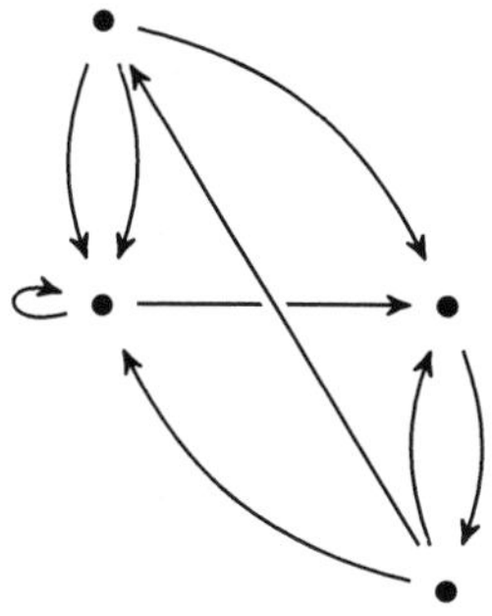

Una precategoría

Figura 1.1: Conjunto y precategoría

1.2. Propósito del texto

Como se mencionó anteriormente, una categoría esta definida por una colección de objetos y una colección de morfismos que satisfacen ciertas propiedades. Estas propiedades son importantes y, como se vera en los capítulos 8 y 9, bastante naturales (una categoría es una estructura que aparece en diversas áreas). Sin embargo, no son esenciales. Para nosotros, la estructura fundamental es la que obtenemos al olvidarnos de dichas propiedades, la *precategoría*, ya que es posible presentar las ideas fundamentales de la teoría de categorías en términos de precategorías, y entonces definir una categoría como un caso especial. Note, además, que una precategoría es, de hecho una estructura bastante conocida: una *gráfica dirigida*. Los vértices y las aristas de la gráfica corresponden a los objetos y los morfismos de la precategoría, respectivamente.

La meta principal de este texto es presentar teoría de categorías de una manera mas sencilla que en los textos ya existentes. Conceptos fundamentales en categorías (e.g., categoría, funtor, transformación natural) son presentados en términos de conceptos mas simples (precategoría, prefuntor, pre-transformación natural, respectivamente). Si una categoría es una gráfica dirigida con algunas propiedades, un funtor (un morfismo entre categorías) puede ser definido como un morfismo entre este tipo de gráficas que cumple, además, ciertas propiedades. De la misma forma, es posible definir una transformación natural (un morfismo entre funtores) como un morfismo entre morfismos que cumple ciertas propiedades.

En el capítulo 2 presentamos los conceptos de gráfica dirigida y multigráfica, básicos para nuestro propósito. En el capítulo 3 se presenta el concepto de gráfica de gráficas: gráficas cuyos vértices son a su vez gráficas. Este concepto se extiende en el capítulo 4 al definirse una multigráfica de multigráficas. Posteriormente, en el capítulo 5, presentamos un tipo especial de multigráfica llamada multigráfica reflexiva. Es precisamente este tipo de multigráficas las que serán la base para definir posteriormente una categoría. En el capítulo 6 mostramos algunas operaciones que es posible realizar entre gráficas.

En el capítulo 7 presentamos los conceptos fundamentales de teoría de categorías, en términos de los conceptos de gráficas dirigidas que han sido previamente presentados. Finalmente, en los capítulos 8 y 9 presentamos ejemplos tanto de categorías como de funtores. En estos capítulos hacemos especial énfasis en aplicaciones orientadas a ciencias de la computación.

Creemos que este enfoque tiene ventajas didácticas. Este enfoque es, además, lo que distingue al presente texto de otros trabajos sobre categorías.

1.3. Notación y conceptos básicos

Presentamos a continuación la notación que se utilizará en este texto, así como los conceptos básicos que se manejan en él.

1.3.1 Notación. Sean A y B dos colecciones. Denotaremos con $|A|$ la *cardinalidad* de A, es decir, el número de elementos de A. Escribiremos $a \in A$ cuando a pertenezca a la colección A, y $A \subseteq B$ todo a que pertenece a A también pertenece a B. La colección vacía se denota como $\varnothing$.

1.3.2 Definición (Unión). Sean A y B dos colecciones. La *unión* de A y B, denotada como $A \cup B$, es una colección formada por los elementos que pertenecen a A o a B, o a ambos:

$$A \cup B = \{ x \mid x \in A \text{ ó } x \in B \}$$

1.3.3 Definición (Unión disjunta). Sean A y B dos colecciones. La *unión disjunta* de A y B, denotada como $A \sqcup B$, se define como

$$A \sqcup B = \{(a,0) \mid a \in A\} \cup \{(b,1) \mid b \in B\}$$

Note como, dadas dos colecciones A y B, la cardinalidad tanto de su unión como de su unión disjunta están dadas por

$$|A \cup B| = |A| + |B| - |A \cap B|$$
$$|A \sqcup B| = |A| + |B|$$

1.3.4 Definición (Intersección). Sean A y B dos colecciones. La *intersección* de A y B, denotada como $A \cap B$, es una colección formada por los elementos que pertenecen tanto a A como a B:

$$A \cap B = \{ x \mid x \in A \text{ y } x \in B \}$$

1.3.5 Definición (Producto cartesiano). Sean A y B dos colecciones. El *producto cartesiano* de A y B, denotado como $A \times B$, es la colección formada por todos los pares (a, b) tales que a está en A y b está en B.

$$A \times B = \{ (a, b) \mid a \in A \text{ y } b \in B \}$$

1.3.6 Definición (Relación). Una *relación* R de la colección A a la colección B es un subconjunto del producto cartesiano entre ambas colecciones ($R \subseteq (A \times B)$).

1.3.7 Definición (Relación inversa). Sea R una relación de la colección A a la colección B. La *relación inversa* R^{-1} es una relación de B a A tal que

$$(b, a) \in R^{-1} \text{ si y solo si } (a, b) \in R$$

1.3.8 Definición (Función). Una *función* F de la colección A a la colección B (denotada como $\mathrm{F} : A \to B$) es una relación de A a B tal que para todo $a \in A$ existe un único $b \in B$ tal que $(a, b) \in \mathrm{F}$. Si F es una función, escribiremos $\mathrm{F}(a) = b$ para indicar que $(a, b) \in \mathrm{F}$. Cuando tenemos una función F de A a B, decimos que A es el *dominio* de F y B es el *codominio* de F.

1.3.9 Definición (Propiedades de una función). Sea F una función de la colección A a la colección B.

- Se dice que F es una función *inyectiva* de A a B si y solo si para todo $a_1, a_2 \in A$, si $a_1 \neq a_2$ entonces $\mathrm{F}(a_1) \neq \mathrm{F}(a_2)$. (O, de manera equivalente, si y solo si para todo $a_1, a_2 \in A$, si $\mathrm{F}(a_1) = \mathrm{F}(a_2)$ entonces $a_1 \neq a_2$.)
- Se dice que F es una función *suprayectiva* de A a B si y solo si para todo $b \in B$ existe un $a \in A$ tal que $\mathrm{F}(a) = b$.

- Si F es inyectiva y suprayectiva, entonces se dice que F es *biyectiva*.

Note que si existe una función biyectiva entre las colecciones A y B, entonces $|A| = |B|$.

1.3.10 Definición (Función inversa). Sea $\mathrm{F} : A \to B$ una función biyectiva. La *función inversa* de F es la función $\mathrm{F}^{-1} : B \to A$ definida como

$$\mathrm{F}^{-1}(b) = a \qquad \text{si y solo si} \qquad \mathrm{F}(a) = b$$

Note que F^{-1} es una realmente una función. Esto es gracias a que F es biyectiva (inyectiva y suprayectiva).

Capítulo 2

Multigráfica

En este capítulo presentamos la definición formal de gráfica y multigráfica. Iniciaremos presentando una definición de gráfica que difiere un poco de la definición tradicional, pero es más adecuada para nuestros propósitos. Después, observando que los procesos representados en una gráfica pueden ser dinámicos (es decir, puede haber procesos de mayor jerarquía que nos lleven de un proceso a otro), presentaremos el concepto de una *2-gráfica* y nos extenderemos aún mas hasta llegar al concepto de *n-gráfica* o multigráfica.

2.1. Gráfica

2.1.1 Definición (Gráfica dirigida). Una *gráfica dirigida* $\mathbf{G}$ se define como:

1. una colección de *vértices* $\mathbf{G}_0$, una colección de *aristas* $\mathbf{G}_1$, y
2. dos mapeos, $\text{origen}_\text{G} : \mathbf{G}_1 \to \mathbf{G}_0$ y $\text{destino}_\text{G} : \mathbf{G}_1 \to \mathbf{G}_0$, los cuales nos indican el vértice origen y el vértice destino de cada arista.

Con estos dos mapeos podemos definir un tercero que nos indica el *tipo* de cada vértice:

$$\text{tipo}_\text{G} = \langle\, \text{origen}, \text{destino}\, \rangle$$

A la gráfica formada por las colecciones $\mathbf{G}_0$ y $\mathbf{G}_1$, y los mapeos origen_G y destino_G se le denotara como $\mathbf{G} = \{\mathbf{G}_0 \leftleftarrows \mathbf{G}_1\}$. Omitiremos el sub-índice $\mathbf{G}$ en las funciones origen_G y destino_G cuando sea claro a cual gráfica estamos haciendo referencia.

A los vértices se les denomina también *objetos, estados, entradas/salidas, datos, 0-celdas* o *0-morfismos*. Las aristas también se conocen como *flechas, transiciones, procesos, programas, 1-celdas* o *1-morfismos*.

Los nombres *vértice* y *arista* no son muy convenientes, pues en algunos casos es mas útil representar a los elementos de $\mathbf{G}_0$ como aristas y a los elementos de $\mathbf{G}_1$ como vértices, como en el caso de la llamada *teoría de operads* (Operad theory). En la figura 2.1.se pueden observar dos representaciones diferentes de la misma gráfica.

Representación clásica   Letra en operad

Figura 2.1: Distintas representaciones de la misma gráfica.

2.1.2 Convención. Debido a lo anterior, y para poder hacer referencia a los elementos de $\mathbf{G}_0$ y $\mathbf{G}_1$ independientemente del tipo de ilustración que utilicemos para representar una gráfica **G**, en adelante llamaremos *0-celdas* a los elementos de $\mathbf{G}_0$ y *1-celdas* a los elementos de $\mathbf{G}_1$.

Note que, aunque acordemos como representar las 0-celdas y 1-celdas de una gráfica, dicha gráfica puede ser representada con diagramas diferentes, tal y como se muestra en la figura 2.2.

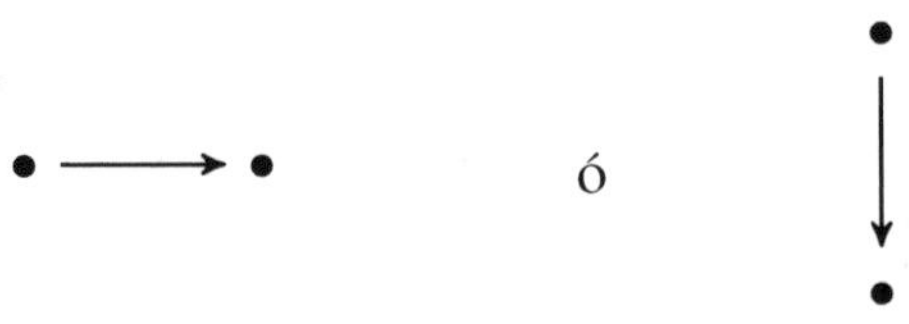

Figura 2.2: Dos representaciones de la misma gráfica

Aún así, estos dos diagramas siguen representando a la misma gráfica, ya que cada gráfica **G** esta definida no en términos de su diagrama, sino en términos de los dos conjuntos $\mathbf{G}_0$ y $\mathbf{G}_1$, así como de las funciones origen y destino.

En este trabajo solo hablamos de gráficas dirigidas, por lo que de aquí en adelante a estas les llamaremos simplemente *gráficas*.

2.1.3 Convención (Celdas). El nombre de una gráfica esta asociado con el nombre de sus 0-cedas. Si cada 0-celda en una gráfica **G** es un caballo, **G**

es llamada una gráfica de caballos; si cada 0-celda es un conjunto, **G** es llamada una gráfica de conjuntos.

2.1.4 Ejemplo. La gráfica **G**, ilustrada a continuación, está definida por las colecciones $\mathbf{G}_0 = \{a\}$ y $\mathbf{G}_1 = \{f, g\}$, y por las funciones origen(f) = origen(g) = destino(f) = destino(g) = a.

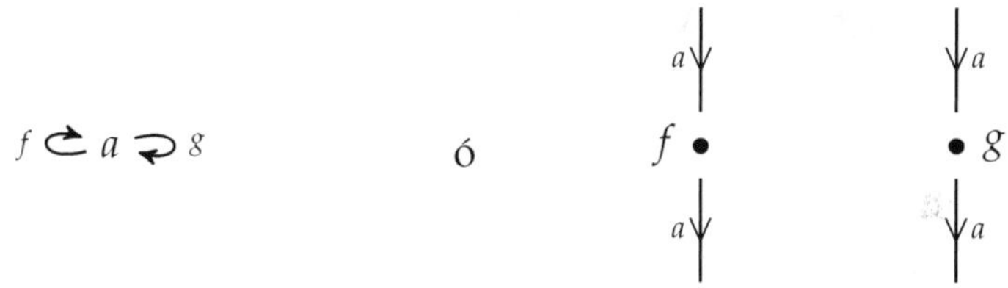

2.1.5 Ejemplo. La gráfica siguiente esta formada por $\mathbf{G}_0 = \{a, b\}$ y $\mathbf{G}_1 = \{f\}$, con origen(f) = a y destino(f) = b.

2.1.6 Ejemplo. En la siguiente gráfica tenemos $\mathbf{G}_0 = \{a, b, c\}$, $\mathbf{G}_1 = \{f, g, h\}$ y

origen(f) = a, destino(f) = b
origen(g) = b, destino(g) = c
origen(h) = a, destino(h) = c

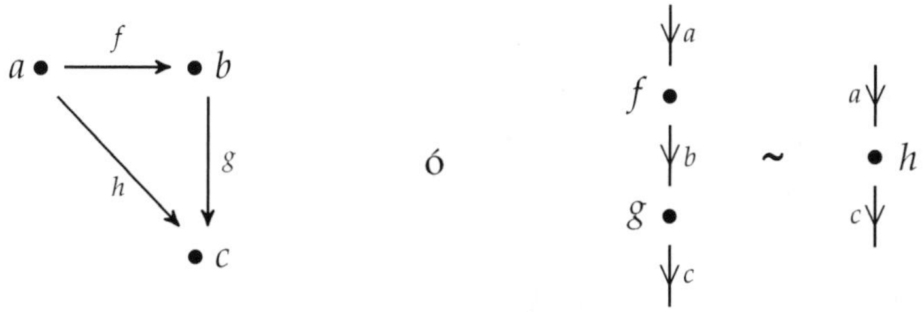

2.1.7 Ejemplo. La gráfica $\mathbf{G} = \{\mathbf{G}_0 \leftleftarrows \mathbf{G}_1\}$ donde $|\mathbf{G}_0| = 4$ y $|\mathbf{G}_1| = 1$:

ó

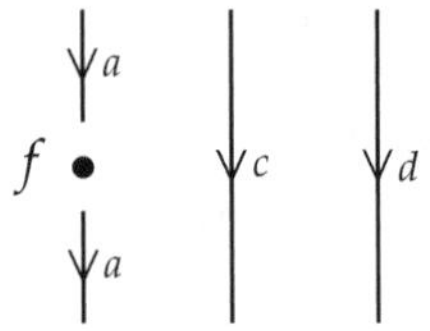

2.1.8 Ejemplo. En la siguiente gráfica

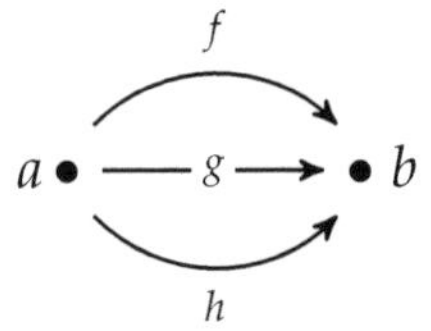

tenemos tipo(f) = tipo(g) = tipo(h) = $\langle a, b\rangle$.

Para agrupar a todas aquellas 1-celdas cuyo tipo sea el mismo, definimos la siguiente colección..

2.1.9 Definición. Sea $\mathbf{G} = \{\mathbf{G}_0 \leftleftarrows \mathbf{G}_1\}$ una gráfica, y sean a, b dos 0-celdas. La colección $\mathbf{G}_0(a, b)$ esta formada por todas las 1-celdas en $\mathbf{G}_1$ cuyo origen es a y cuyo destino es b:

$$\mathbf{G}_0(a, b) = \{f \in \mathbf{G}_1 \mid \text{tipo}(f) = \langle a, b\rangle\}$$

Note como $\mathbf{G}_0(a, b) \subseteq \mathbf{G}_1$ para todo $a, b \in \mathbf{G}_0$. De hecho, si tomamos todos los pares de 0-celdas posibles $(a, b) \in \mathbf{G}_0 \times \mathbf{G}_0$ y unimos sus conjuntos $\mathbf{G}_0(a, b)$, obtenemos todas las 1-celdas de la gráfica $\mathbf{G}$. En otras palabras,

$$\mathbf{G}_1 = \bigcup_{(a,b)\in \mathbf{G}_0\times\mathbf{G}_0} \mathbf{G}_0(a, b)$$

2.1.10 Definición (Origen opuesto, destino opuesto)**.** Sea $\mathbf{G}$ una gráfica. Para toda 1-celda $f \in \mathbf{G}_1$ definimos las funciones *origen opuesto* (origen^{op} : $\mathbf{G}_1 \to \mathbf{G}_0$) y *destino opuesto* (destino^{op} : $\mathbf{G}_1 \to \mathbf{G}_0$) de la siguiente forma.

$$\text{origen}^{op}(f) = \text{destino}(f)$$
$$\text{destino}^{op}(f) = \text{origen}(f)$$

A partir de las definiciones de origen opuesto y destino opuesto, podemos hacer también la siguiente definición.

2.1.11 Definición (Tipo opuesto)**.** Sea $\mathbf{G}$ una gráfica. El *tipo opuesto* de una 1-celda $f \in \mathbf{G}_1$ es una función $\text{tipo}^{\text{op}} : \mathbf{G}_1 \to \langle \mathbf{G}_0 \times \mathbf{G}_0 \rangle$ tal que:

$$\text{tipo}^{\text{op}}(f) = \langle\, \text{origen}^{op}(f), \text{destino}^{op}(f) \rangle$$

o, equivalentemente:

$$\text{tipo}^{\text{op}}(f) = \langle\, \text{destino}(f), \text{origen}(f) \rangle$$

2.1.12 Ejemplo. En la gráfica

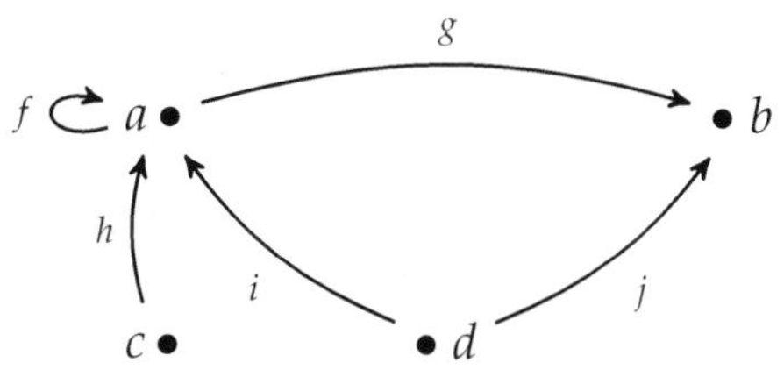

tenemos

$$\begin{aligned}
\text{origen}(f) &= \text{destino}^{op}(f) = a, & \text{destino}(f) &= \text{origen}^{op}(f) = a\\
\text{origen}(g) &= \text{destino}^{op}(g) = a, & \text{destino}(g) &= \text{origen}^{op}(g) = b\\
\text{origen}(h) &= \text{destino}^{op}(h) = c, & \text{destino}(h) &= \text{origen}^{op}(h) = a\\
\text{origen}(i) &= \text{destino}^{op}(i) = d, & \text{destino}(i) &= \text{origen}^{op}(i) = a\\
\text{origen}(j) &= \text{destino}^{op}(j) = d, & \text{destino}(j) &= \text{origen}^{op}(j) = b
\end{aligned}$$

y

$$\begin{aligned}
\text{tipo}(f) &= \langle a, a \rangle, & \text{tipo}^{\text{op}}(f) &= \langle a, a \rangle\\
\text{tipo}(g) &= \langle a, b \rangle, & \text{tipo}^{\text{op}}(g) &= \langle b, a \rangle\\
\text{tipo}(h) &= \langle c, a \rangle, & \text{tipo}^{\text{op}}(h) &= \langle a, c \rangle\\
\text{tipo}(i) &= \langle d, a \rangle, & \text{tipo}^{\text{op}}(i) &= \langle a, d \rangle\\
\text{tipo}(j) &= \langle d, b \rangle, & \text{tipo}^{\text{op}}(j) &= \langle b, d \rangle
\end{aligned}$$

Es posible encontrarnos con gráficas tales que la única diferencia entre ellas sea la dirección que tienen sus 1-celdas, como se puede ver a continuación.

2.1.13 Ejemplo.

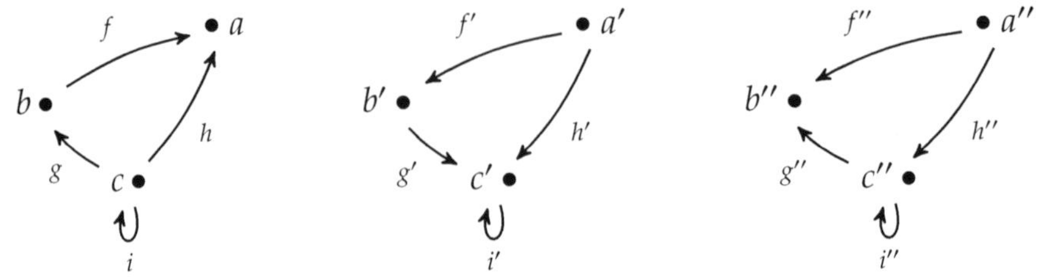

G **G′** **G″**

Observe como

$$\begin{array}{lll} \text{tipo}(f) = \langle b, a\rangle & \text{tipo}(f') = \langle a, b\rangle & \text{tipo}(f'') = \langle a, b\rangle \\ \text{tipo}(g) = \langle c, b\rangle & \text{tipo}(g') = \langle b, c\rangle & \text{tipo}(g'') = \langle c, b\rangle \\ \text{tipo}(h) = \langle c, a\rangle & \text{tipo}(h') = \langle a, c\rangle & \text{tipo}(h'') = \langle c, a\rangle \\ \text{tipo}(i) = \langle c, c\rangle & \text{tipo}(i') = \langle c, c\rangle & \text{tipo}(i'') = \langle c, c\rangle \end{array}$$

Las tres gráficas del ejemplo anterior difieren tan solo en el tipo de sus 1-celdas. Sin embargo, **G** y **G′** tienen una relación mas estrecha. Sus funciones origen y destino están relacionadas de la siguiente manera, *para toda* 1-celda f:

$$\text{origen}_{\mathbf{G}'}(\mathsf{f}) = \text{destino}_{\mathbf{G}}(\mathsf{f}) \qquad \text{destino}_{\mathbf{G}'}(\mathsf{f}) = \text{origen}_{\mathbf{G}}(\mathsf{f})$$

o, en otras palabras:

$$\text{origen}_{\mathbf{G}'}(\mathsf{f}) = \text{origen}^{op}_{\mathbf{G}}(\mathsf{f}) \qquad \text{destino}_{\mathbf{G}'}(\mathsf{f}) = \text{destino}^{op}_{\mathbf{G}}(\mathsf{f})$$

es decir:

$$\text{tipo}_{\mathbf{G}'}(\mathsf{f}) = \text{tipo}^{\text{op}}_{\mathbf{G}}(\mathsf{f})$$

2.1.14 Definición. Sean **G** y **G′** dos gráficas que comparten las mismas 0-celdas y 1-celdas. Si el tipo de sus 1-celdas varía uniformemente, es decir, si para *toda* 1-celda f tenemos $\text{tipo}_{\mathbf{G}}(f) = \text{tipo}_{\mathbf{G}'}(f)$, o para *toda* 1-celda f tenemos $\text{tipo}_{\mathbf{G}}(f) = \text{tipo}^{\text{op}}_{\mathbf{G}'}(f)$, entonces escribiremos $\text{tipo}_{\mathbf{G}'} = \text{tipo}_{\mathbf{G}}$ y $\text{tipo}_{\mathbf{G}'} = \text{tipo}^{\text{op}}_{\mathbf{G}}$, respectivamente.

En el ejemplo 2.1.13, el tipo de las 1-celdas de **G** y **G′** varía uniformemente. Esto no sucede entre **G** y **G″** (el tipo coincide en la 1-celda g, pero es opuesto en la 1-celda f), y tampoco entre **G′** y **G″** (el tipo coincide en la 1-celda f, pero es opuesto en la 1-celda g). La relación que tienen **G** y **G′** da lugar a la siguiente definición.

2.1.15 Definición (Gráfica dual). Sean $\mathbf{G} = \{\mathbf{G}_0 \leftleftarrows \mathbf{G}_1\}$ y $\mathbf{G}' = \{\mathbf{G'}_0 \leftleftarrows \mathbf{G'}_1\}$ dos 1-gráficas. Decimos que dichas 1-gráficas son *duales* entre si cuando sus colecciones de celdas son iguales ($\mathbf{G'}_0{=}\mathbf{G}_0$ y $\mathbf{G'}_1{=}\mathbf{G}_1$) y tenemos ya sea $\text{tipo}_{\mathbf{G'}} = \text{tipo}_{\mathbf{G}}$ o $\text{tipo}_{\mathbf{G'}} = \text{tipo}_{\mathbf{G}}^{\text{op}}$. Note que bajo esta definición, toda gráfica es dual de si misma.

2.1.16 Ejemplo. Las siguientes gráficas no son duales entre si, ya que $\mathbf{G}_0 \neq \mathbf{H}_0$.

G **H**

2.1.17 Ejemplo. En el ejemplo 2.1.13, las gráficas **G G′** son duales entre si, pero este es el único par de gráficas duales en el ejemplo: **G** y **G″** no son duales entre si, y tampoco lo son **G′** y **G″**, ya que el tipo de sus 1-celdas no varía uniformemente.

2.2. 2-gráfica

Las gráficas pueden ser usadas para modelar muchas situaciones. Una forma interesante de interpretarlas es entender a las 0-celdas como objetos en general y a las 1-celdas como procesos que nos llevan de un objeto a otro. Así podemos, por ejemplo, describir con una gráfica un programa de computadora que recibe una colección de datos de entrada y nos regresa otra colección de datos como salida.

Sin embargo, así como existen programas que reciben datos y regresan datos, también existen programas que reciben programas y regresan programas. Estos programas no pueden ser representados con una gráfica como la ya definida, pero sí pueden ser representados con ilustraciones como la de la figura 2.3. En dicha ilustración no solo hay procesos entre objetos (f entre a y b, g entre a y b); también hay procesos entre procesos (α entre f y g). Esta misma estructura puede ser también representada con una ilustración como la de la figura 2.4.

Esta nueva estructura, con la que podemos representar no solo procesos entre objetos sino también procesos entre procesos, se define formalmente de la siguiente manera.

2.2.1 Definición (2-gráfica (versión 1)). Una *2-gráfica* **G** es una estructura formada por:

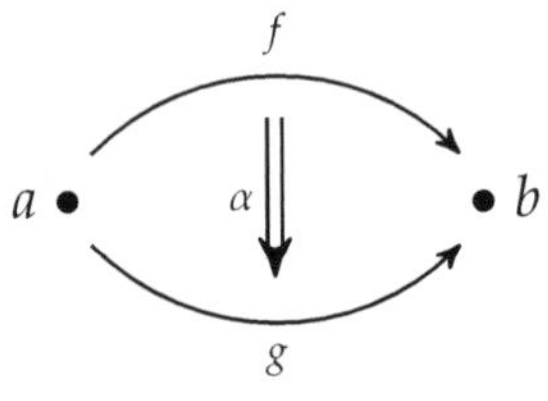

Figura 2.3: Una gráfica con un proceso (α) entre procesos (f y g).

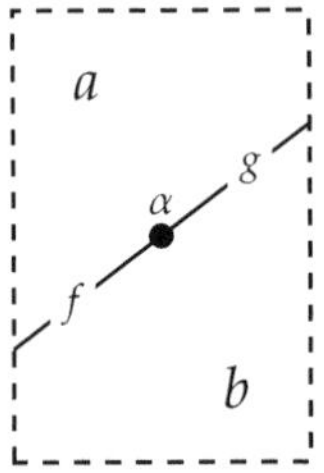

Figura 2.4: La misma gráfica de la figura 2.3 con otra representación.

1. Una colección de objetos $\mathbf{G}_0$, una colección de procesos entre objetos $\mathbf{G}_1$ y una colección de procesos entre procesos $\mathbf{G}_2$. A los elementos de $\mathbf{G}_0$ les llamamos 0-celdas, los elementos de $\mathbf{G}_1$ se conocen como 1-celdas, y finalmente los elementos de $\mathbf{G}_2$ serán llamados *2-celdas*.

2. Cuatro funciones:

$$\text{origen}_1 : \mathbf{G}_1 \to \mathbf{G}_0, \quad \text{destino}_1 : \mathbf{G}_1 \to \mathbf{G}_0$$

$$\text{origen}_2 : \mathbf{G}_2 \to \mathbf{G}_1, \quad \text{destino}_2 : \mathbf{G}_2 \to \mathbf{G}_1$$

   que indican las 0-celdas origen y destino de cada 1-celda en $\mathbf{G}_1$, y las 1-celdas origen y destino de cada 2-celda en $\mathbf{G}_2$, respectivamente.

En una 2-gráfica las 1-celdas origen y destino de toda 2-celda en $\mathbf{G}_2$ deben ser del mismo tipo. En otras palabras, en una 2-gráfica se cumple que

$$\text{para toda } \alpha \in \mathbf{G}_2 \text{ tenemos tipo}(\text{origen}_2(\alpha)) = \text{tipo}(\text{destino}_2(\alpha))$$

Una 2-gráfica se denota como $\mathbf{G} = \{\mathbf{G}_0 \leftleftarrows \mathbf{G}_1 \leftleftarrows \mathbf{G}_2\}$. Los subíndices en las funciones origen y destino serán omitidos cuando la función a la que se haga referencia sea obvia a partir su argumento.

La función tipo se puede extender fácilmente de la siguiente manera.

2.2.2 Definición (Tipo de una 2-celda). Para cada 2-gráfica $\mathbf{G}$, la función $\text{tipo}_2 : \mathbf{G}_2 \to \mathbf{G}_1 \times \mathbf{G}_1$ está definida como

$$\text{tipo}_2 = \langle\, \text{origen}_2, \text{destino}_2 \,\rangle$$

Omitiremos también el subíndice en la función tipo. La función a la cual estaremos haciendo referencia sera obvio a partir de su argumento.

Con el concepto de tipo para una 2-celda, una 2-gráfica puede ser definida equivalentemente de la manera que se muestra a continuación.

2.2.3 Definición (2-gráfica (versión 2)). Una *2-gráfica* $\mathbf{G}$ es una estructura formada por:

1. Una colección de objetos $\mathbf{G}_0$, una colección de procesos entre objetos $\mathbf{G}_1$ y una colección de procesos entre procesos $\mathbf{G}_2$.

2. Cuatro funciones:

$$\text{origen}_1 : \mathbf{G}_1 \to \mathbf{G}_0, \quad \text{destino}_1 : \mathbf{G}_1 \to \mathbf{G}_0$$

$$\text{origen}_2 : \mathbf{G}_2 \to \mathbf{G}_1, \quad \text{destino}_2 : \mathbf{G}_2 \to \mathbf{G}_1$$

en la cual, para toda $\alpha \in \mathbf{G}_2$, se cumple que

$$\text{si} \quad \text{tipo}(\alpha) = \langle f, g \rangle \quad \text{entonces} \quad \text{tipo}(f) = \text{tipo}(g)$$

2.2.4 Ejemplo. La figura 2.3 muestra una 2-gráfica $\mathbf{G}$ formada por los conjuntos $\mathbf{G}_0 = \{a, b\}$, $\mathbf{G}_1 = \{f, g\}$ y $\mathbf{G}_2 = \{\alpha\}$.

2.2.5 Ejemplo. La siguiente estructura *no* es una 2-gráfica, ya que $\text{tipo}(\alpha) = \langle f, g \rangle$ pero $\text{tipo}(f) \neq \text{tipo}(g)$.

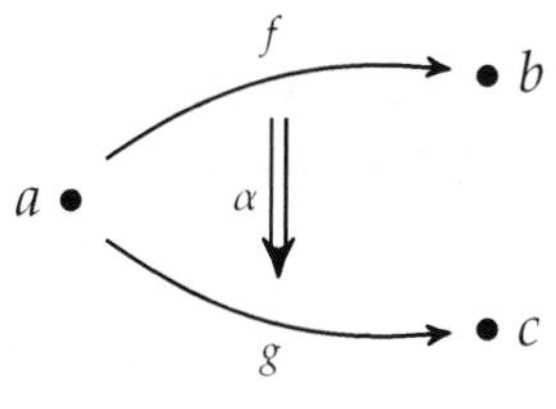

2.2.6 Ejemplo. En la 2-gráfica

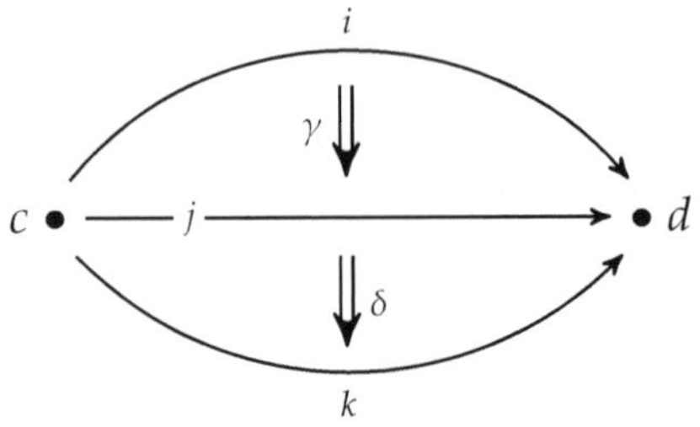

tenemos

$$\text{tipo}(i) = \text{tipo}(j) = \text{tipo}(k) = \langle c, d \rangle$$

y también

$$\text{tipo}(\gamma) = \langle i, j \rangle, \qquad \text{tipo}(\delta) = \langle j, k \rangle$$

2.2.7 Definición. Sea $\mathbf{G} = \{\mathbf{G}_0 \leftleftarrows \mathbf{G}_1 \leftleftarrows \mathbf{G}_2\}$ una 2-gráfica. De manera análoga a la definición de la colección $\mathbf{G}_0(a, b)$ para cada par de 0-celdas $a, b \in \mathbf{G}_0$, definimos, para cada par de 1-celdas $f, g \in \mathbf{G}_1$, la colección $\mathbf{G}_1(f, g)$ que contiene aquellas 2-celdas en $\mathbf{G}_2$ cuyo origen es f y cuyo destino es g, es decir:

$$\mathbf{G}_1(f, g) = \{\alpha \in \mathbf{G}_2 \mid \text{tipo}(\alpha) = \langle f, g \rangle\}$$

Observe una vez mas que para todo par $f, g \in \mathbf{G}_1$ tenemos que $\mathbf{G}_1(f, g) \subseteq \mathbf{G}_2$. La unión de los conjuntos $\mathbf{G}_1(f, g)$ para todo par $f, g \in \mathbf{G}_1$ nos da todas las 2-celdas de la gráfica $\mathbf{G}$, es decir:

$$\mathbf{G}_2 = \bigcup_{(f,g) \in \mathbf{G}_1 \times \mathbf{G}_1} \mathbf{G}_1(f, g)$$

Las 1-celdas origen y destino de una 2-celda $\alpha \in \mathbf{G}_2$ deben ser del mismo tipo. Por lo tanto, si tenemos dos 1-celdas f, g de distinto tipo ($\text{tipo}(f) \neq \text{tipo}(g)$), no debe haber 2-celdas entre ellas ($\mathbf{G}_1(f, g) = \emptyset$).

Las funciones origen^{op}, destino^{op} y tipo^{op} se extienden para 2-celdas de la misma manera que la función tipo.

En la sección anterior definimos gráficas duales como aquellas gráficas en las cuales el tipo de sus 1-celdas varía uniformemente. El concepto de 2-gráfica duales se define de manera similar.

2.2.8 Definición (2-gráfica dual). Sean $\mathbf{G} = \{\mathbf{G}_0 \leftleftarrows \mathbf{G}_1 \leftleftarrows \mathbf{G}_2\}$ y $\mathbf{G}' = \{\mathbf{G}'_0 \leftleftarrows \mathbf{G}'_1 \leftleftarrows \mathbf{G}'_2\}$ dos 2-gráficas. Decimos que dichas 2-gráficas son *duales* entre si cuando sus conjuntos de celdas son iguales ($\mathbf{G}'_0 = \mathbf{G}_0$, $\mathbf{G}'_1 = \mathbf{G}_1$, $\mathbf{G}'_2 = \mathbf{G}_2$) y el tipo de sus 1-celdas y sus 2-celdas varía uniformemente, es decir, tenemos

$\text{tipo}_{1,G'} = \text{tipo}_{1,G}$ o $\text{tipo}_{1,G'} = \text{tipo}^{\text{op}}_{1,G}$ (para las 1-celdas) y $\text{tipo}_{2,G'} = \text{tipo}_{2,G}$ o $\text{tipo}_{2,G'} = \text{tipo}^{\text{op}}_{2,G}$ (para las 2-celdas).

Observe como es posible tener dos 2-gráficas duales cuyas 1-celdas tengan el mismo tipo pero cuyas 2-celdas sean de tipo opuesto. También es posible tener dos 1-gráficas duales en las cuales el tipo de las 1-celdas es opuesto pero el de las 2-celdas coincide. De hecho, dada una 2-gráfica, podemos encontrar hasta tres 2-gráficas duales a ella (cuatro, si incluimos la gráfica original en la cual ningún tipo varía):

1. Para cada 1-celda el tipo es el mismo pero para cada 2-celda el tipo es opuesto.
2. Para cada 1-celda el tipo es opuesto pero para cada 2-celda el tipo es el mismo.
3. Para cada 1-celda y para cada 2-celda el tipo es opuesto.

2.2.9 Ejemplo. Las siguientes cuatro 2-gráficas son duales entre si.

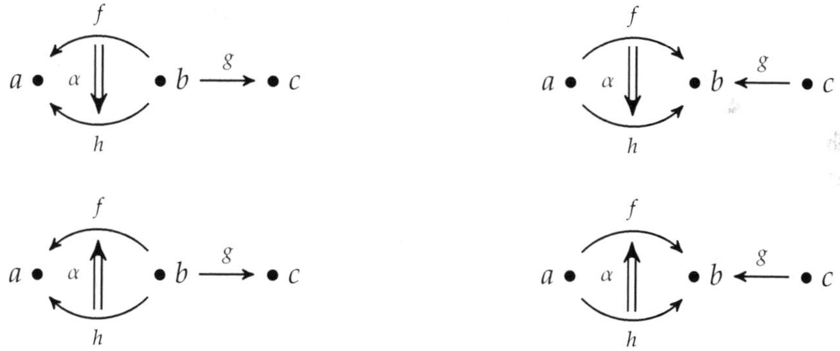

2.3. Multigráfica (n-gráfica)

Hemos definido hasta ahora una estructura en la cual es posible describir procesos entre objetos abstractos y procesos entre procesos. ¿Hasta donde es posible extender esta idea? Podemos tener procesos cuyo origen y destino no son objetos ni procesos entre objetos, sino procesos entre procesos. Podemos extender nuestra definición de gráfica para alcanzar procesos del orden que necesitemos. Si a la gráfica $\mathbf{G} = \{\mathbf{G}_0 \leftleftarrows \mathbf{G}_1\}$ (definida en 2.1.1) le llamamos *1-gráfica*, podemos entonces definir una noción general que incluye a esta 1-gráfica, a la 2-gráfica (definida en 2.2.1 y 2.2.3, y que se puede extender tanto como queramos.

2.3.1 Definición (Multigráfica (n-gráfica)). Una *multigráfica* (también llamada *n-gráfica*) **G** es una estructura formada por:

1. $n + 1$ colecciones $\mathbf{G}_0, \ldots \mathbf{G}_n$ en las cuales los elementos de $\mathbf{G}_i$ son procesos o transiciones entre los elementos de $\mathbf{G}_{i-1}$ para cada $1 \leq i \leq n$. A cada elemento de cada colección $\mathbf{G}_i$ se le llama *i-celda*, y

2. $2n$ funciones:

$$\begin{array}{ll} origen_1 : \mathbf{G}_1 \to \mathbf{G}_0, & destino_1 : \mathbf{G}_1 \to \mathbf{G}_0 \\ \vdots & \vdots \\ origen_n : \mathbf{G}_n \to \mathbf{G}_{n-1}, & destino_n : \mathbf{G}_n \to \mathbf{G}_{n-1} \end{array}$$

que nos ayudan a definir, para cada $1 \leq i \leq n$, la función $\text{tipo}_i : \mathbf{G}_i \to (\mathbf{G}_{i-1} \times \mathbf{G}_{i-1})$ de la siguiente forma. Sea $\varphi \in \mathbf{G}_i$; entonces,

$$\text{tipo}_i(\varphi) = \langle\, \text{origen}_i(\varphi), \text{destino}_i(\varphi) \rangle$$

Toda multigráfica cumple la siguiente condición. Para cada $2 \leq i \leq n$,

para toda i-celda $\varphi \in \mathbf{G}_i$, $\text{tipo}_{i-1}(\text{origen}_i(\varphi)) = \text{tipo}_{i-1}(\text{destino}_i(\varphi))$

Una n-gráfica es denotada como $\mathbf{G} = \{\mathbf{G}_0 \leftleftarrows \ldots \leftleftarrows \mathbf{G}_n\}$.

Aunque hay n funciones origen y n funciones destino, es claro a cual hacemos referencia a partir de la i-celda que estemos evaluando. Si escribimos origen(α) y $\alpha \in \mathbf{G}_2$, es obvio que en realidad queremos decir $\text{origen}_2(\alpha)$. De aquí en adelante omitiremos el subíndice cuando es claro a cual función nos referimos. De la misma forma omitiremos el subíndice i al escribir $\text{tipo}_i(\varphi)$, ya que la función de la cual queremos hablar también es clara dada $\varphi \in \mathbf{G}_i$.

2.3.2 Definición (Número de escala de una multigráfica). Se dice que el *número de escala* de cada n-gráfica es uno, ya que cada n-gráfica está dada en términos de *un* número natural (n).

2.3.3 Ejemplo. Una 2-gráfica

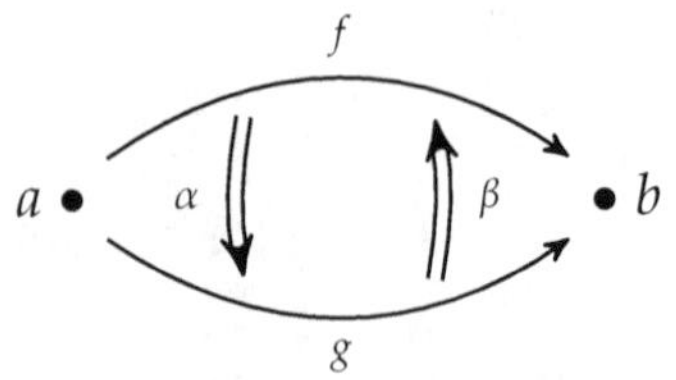

en la cual no puede haber 3-celdas entre α y β, ya que tipo(α) $\neq$ tipo(β).

2.3.4 Ejemplo. Una 3-gráfica se representa entonces como $\mathbf{G} = \{\mathbf{G}_0 \leftleftarrows \mathbf{G}_1 \leftleftarrows \mathbf{G}_2 \leftleftarrows \mathbf{G}_3\}$. La siguiente figura es una 3-gráfica:

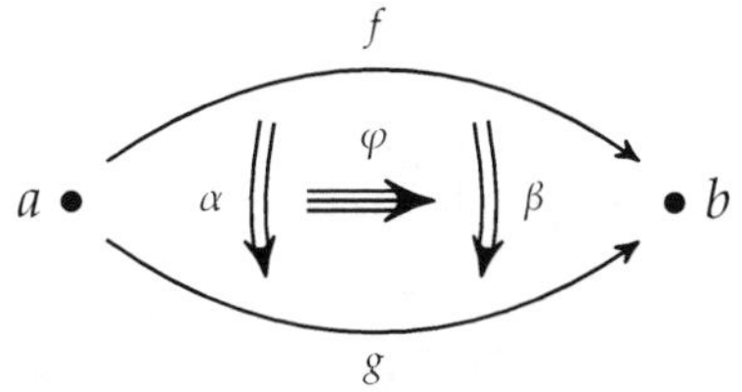

en la cual $\mathbf{G}_0 = \{a, b\}$, $\mathbf{G}_1 = \{f, g\}$, $\mathbf{G}_2 = \{\alpha, \beta\}$ y $\mathbf{G}_3 = \{\varphi\}$. Además tenemos:

$$\begin{array}{lll} \text{tipo}(f) = \langle a, b\rangle & \text{tipo}(\alpha) = \langle f, g\rangle & \text{tipo}(\varphi) = \langle \alpha, \beta\rangle \\ \text{tipo}(g) = \langle a, b\rangle & \text{tipo}(\beta) = \langle f, g\rangle & \end{array}$$

2.3.5 Ejemplo. Mostramos una 3-gráfica en la cual $\mathbf{G}_0 = \{a, b, c\}$, $\mathbf{G}_1 = \{f, g, h, i, j, k\}$, $\mathbf{G}_2 = \{\alpha, \beta, \gamma, \delta, \epsilon\}$ y $\mathbf{G}_3 = \{\varphi, \varrho\}$. Además:

$$\begin{array}{lll} \text{tipo}(f) = \langle a, b\rangle & \text{tipo}(\alpha) = \langle f, g\rangle & \text{tipo}(\varphi) = \langle \alpha, \beta\rangle \\ \text{tipo}(g) = \langle a, b\rangle & \text{tipo}(\beta) = \langle f, g\rangle & \text{tipo}(\varrho) = \langle \gamma, \delta\rangle \\ \text{tipo}(h) = \langle a, b\rangle & \text{tipo}(\gamma) = \langle g, h\rangle & \\ \text{tipo}(i) = \langle c, a\rangle & \text{tipo}(\delta) = \langle g, h\rangle & \\ \text{tipo}(j) = \langle c, a\rangle & \text{tipo}(\epsilon) = \langle j, i\rangle & \\ \text{tipo}(k) = \langle b, b\rangle & & \end{array}$$

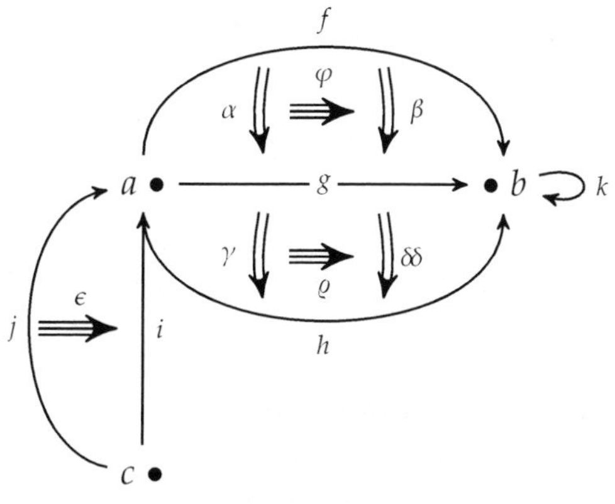

2.3.6 Ejemplo. Una *0-gráfica* $\mathbf{G} = \{\mathbf{G}_0\}$, como la mostrada en el diagrama siguiente, es tan solo una colección de 0-celdas (objetos) sin procesos entre ellas (obsérvese que en este momento no nos interesa la estructura interna que pudiera tener cada 0-celda):

Si representamos la gráfica de la siguiente manera:

es claro que 0-gráfica es un sinónimo de conjunto/colección.

2.3.7 Definición. Dada una n-gráfica $\mathbf{G}$ definimos, para todo par $f, g \in \mathbf{G}_i$, la colección $\mathbf{G}_i(f, g)$ que contiene las $(i + 1)$-celdas en $\mathbf{G}_{i+1}$ cuyo origen es f y cuyo destino es g:

$$\mathbf{G}_i(f, g) = \{\alpha \in \mathbf{G}_{i+1} \mid \text{tipo}(\alpha) = \langle f, g\rangle\}$$

Una vez mas, observe que

$$\mathbf{G}_{i+1} = \bigcup_{(f,g)\in \mathbf{G}_i\times\mathbf{G}_i} \mathbf{G}_i(f, g)$$

Recordemos que si $\mathbf{G}$ y $\mathbf{G}'$ son 1-gráficas duales, entonces la única diferencia entre ellas es que $\text{tipo}_{\mathbf{G}'} = \text{tipo}^{\text{op}}_{\mathbf{G}}$. Es posible definir un concepto similar para el caso de una n-gráfica: podemos encontrarnos con n-gráficas que se distinguen tan solo en el tipo que tienen sus 1-celdas, pero en esta caso también debemos considerar el tipo de sus 2-celdas, 3-celdas, ..., $n + 1$-celdas.

2.3.8 Definición (n-gráfica dual)**.** Sean $\mathbf{G} = \{\mathbf{G}_0 \leftleftarrows \mathbf{G}_1 \leftleftarrows \mathbf{G}_2\}$ y $\mathbf{G}' = \{\mathbf{G}'_0 \leftleftarrows \mathbf{G}'_1 \leftleftarrows \mathbf{G}'_2\}$ dos n-gráficas. Decimos que dichas n-gráficas son *duales* si y solo si sus conjuntos de celdas son iguales ($\mathbf{G}'_i$=$\mathbf{G}_i$ para $i = 0, \ldots, n$) y para cada conjunto de i-celdas en $\mathbf{G}'$, el tipo en $\mathbf{G}$ coincide o es opuesto uniformemente.

Dada una n-gráfica, podemos encontrar hasta $2^n - 1$ n-gráficas duales a ella (2^n, si incluimos a ella misma), dependiendo si el tipo para cada conjunto de i-celdas es el mismo o es opuesto ($i = 1, \ldots, n$).

2.3.9 Ejemplo. La 3-gráfica del ejemplo 2.3.4 tiene $2^3 - 1 = 7$ gráficas duales (8 gráficas duales entre si en total). Mostramos aquí dos de ellas.

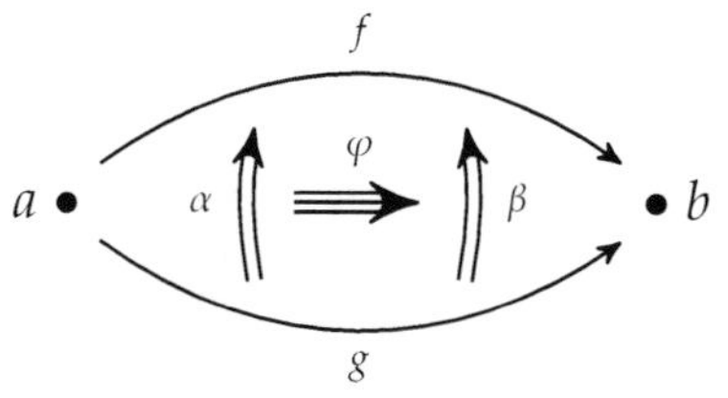

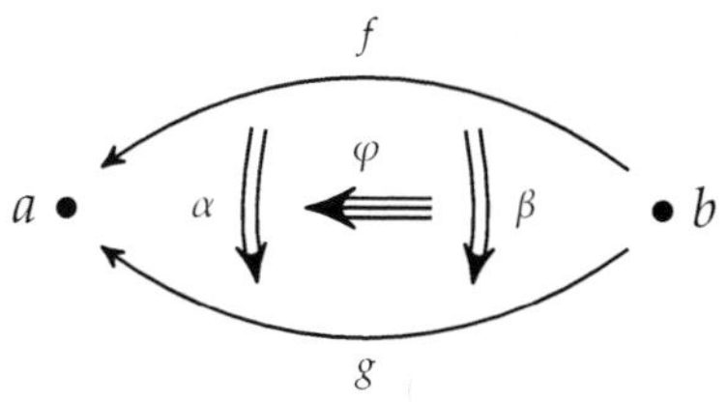

2.3.10 Ejemplo. La 0-gráfica del ejemplo 2.3.6 no tiene gráficas duales ($2^0 - 1 = 0$). (En otras palabras, dos 0-gráficas son duales únicamente en el caso en que sean la misma.)

2.4. Notas

Capítulo 3

Gráfica de gráficas

Hasta ahora hemos trabajado con multigráficas: estructuras cuyas 0-celdas son objetos abstractos. En estas multigráficas, la estructura interna de cada 0-celda no fue de nuestro interés. ¿Que sucede cuando estas 0-celdas son mas complejas? En este capítulo estudiaremos gráficas (1-gráficas) cuyas 0-celdas tienen cierta estructura. Presentaremos primero gráficas en la cuales cada 0-celda es una 0-gráfica. Siguiendo nuestra convención de nombrar una gráfica de acuerdo al nombre de sus 0-celdas, y recordando que 0-gráfica es sinónimo de conjunto, cada una de estas gráficas se conocen como *gráfica de conjuntos* (figura 3.1).

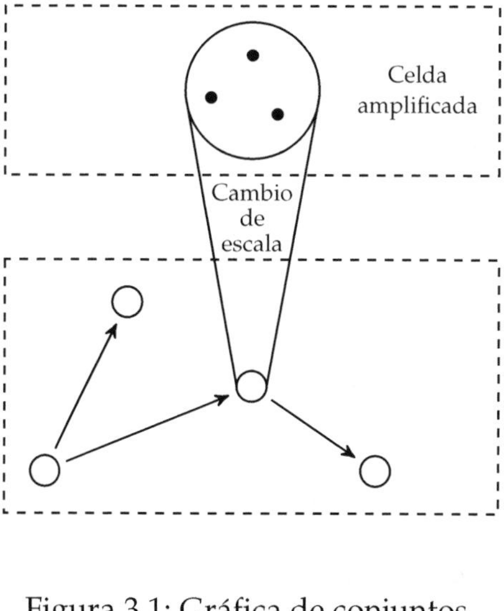

Figura 3.1: Gráfica de conjuntos.

Posteriormente presentaremos gráficas en las cuales cada 0-celda es a su vez una gráfica. Estas son conocidas como *gráfica de gráficas* (figura 3.2).

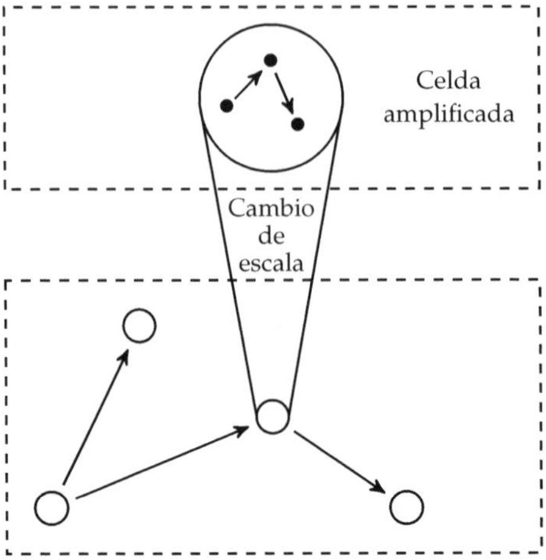

Figura 3.2: Gráfica de gráficas.

3.1. (1,0)-gráfica

3.1.1 Ejemplo. Cuando representamos un conjunto, usualmente dibujamos un círculo y colocamos los elementos que pertenecen al conjunto dentro de él. Para representar una función entre conjuntos, dibujamos los conjuntos y trazamos una flecha dirigida entre ellos, indicando así el dominio y el codominio de la función.

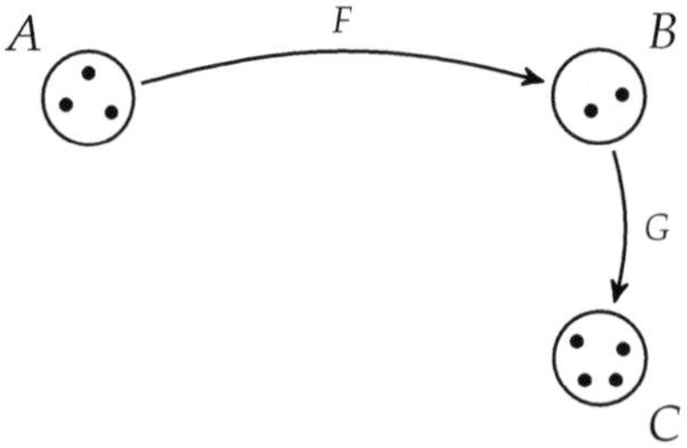

Si pensamos en este diagrama en términos de gráficas, lo que tenemos es una 1-gráfica en la cual cada 0-celdas es a su vez una 0-gráfica.

3.1.2 Definición ((1,0)-gráfica (gráfica de conjuntos))**.** Una 1-gráfica en la cual cada 0-celda es una 0-gráfica es llamada *(1,0)-gráfica*. El primer índice ($1 \in \mathbb{N}$) indica la complejidad de la estructura externa (1-gráfica), y el segundo índice ($0 \in \mathbb{N}$) la complejidad de la estructura interna, es decir, la estructura de cada 0-celda.

Recordemos que el nombre de una gráfica esta ligado al tipo de objetos que son sus 0-celdas. De esta manera, y tomando en cuenta 0-gráfica es sinónimo de conjunto, una (1,0)-gráfica también es conocida como *gráfica de conjuntos*.

3.1.3 Definición (Número de escala de una (1,0)-gráfica). Se dice que el *número de escala* de una (1,0)-gráfica es *dos*, ya que cada (1,0)-gráfica está dada en términos de dos números naturales: 0 y 1.

3.1.4 Ejemplo. Una (1,0)-gráfica $\mathbf{G}$ donde $\mathbf{G}_1 = \{F\}$ y $\mathbf{G}_0 = \{A\}$. Además tenemos $A = \{\bullet, \bullet\}$

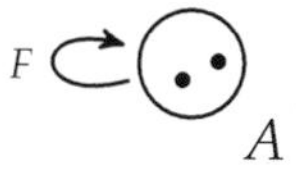

3.1.5 Ejemplo. Otra (1,0)-gráfica $\mathbf{G}$ donde

$$\mathbf{G}_1 = \{F, G, H, I\}, \qquad \mathbf{G}_0 = \{A, B, C\}$$

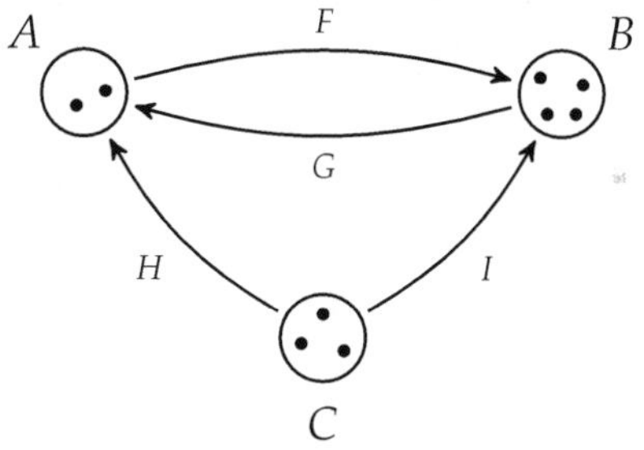

Nótese como

$$\begin{aligned} \text{origen}(F) &= A, & \text{destino}(F) &= B \\ \text{origen}(G) &= B, & \text{destino}(G) &= A \\ \text{origen}(H) &= C, & \text{destino}(H) &= A \\ \text{origen}(I) &= C, & \text{destino}(I) &= B \end{aligned}$$

por lo cual

$$\begin{aligned} \text{tipo}(F) &= \langle A, B\rangle, & \text{tipo}(H) &= \langle C, A\rangle \\ \text{tipo}(G) &= \langle B, A\rangle, & \text{tipo}(I) &= \langle C, B\rangle \end{aligned}$$

En este ejemplo se puede observar que las funciones origen, destino y tipo para cada 1-celda en $\mathbf{G}_1$ en una (1,0)-gráfica tienen el mismo significado que en una 1-gráfica.

¿Que es un mapeo?

Es importante notar que al darle una estructura específica a cada 0-celda, también le damos una estructura específica a cada 1-celda. Cuando cada 0-celda es un objeto abstracto (ni elementos ni estructura están envueltos), cada 1-celda es simplemente un morfismo (es decir, no tiene que ser un mapeo) entre ellas: cada 1-celda toma una 0-celda como entrada y regresa otra 0-celda como salida. Sin embargo, en una (1,0)-gráfica cada 1-celda tiene una 0-gráfica como dominio y tiene otra 0-gráfica como codominio. En otras palabras, una 1-celda en una (1,0)-gráfica toma una colección de objetos como entrada y devuelve otra colección de objetos como salida. Las 1-celdas en una (1,0)-gráfica tienen un nombre más específico.

3.1.6 Definición (0-prefuntor). En una (1,0)-gráfica, cada 1-celda es llamada *0-prefuntor*. Un 0-prefuntor no es un morfismo entre objetos abstractos, sino un morfismo entre 0-gráficas. 0-prefuntor es sinónimo de mapeo.

Formalmente, sean $\mathbf{G} = \{\mathbf{G}_0\}$ y $\mathbf{H} = \{\mathbf{H}_0\}$ dos 0-gráficas. Un 0-prefuntor F entre $\mathbf{G}$ y $\mathbf{H}$ (tipo(F) = $\langle \mathbf{G}, \mathbf{H} \rangle$) es un mapeo que asigna a cada 0-celda $a \in \mathbf{G}_0$ una 0-celda $F(a) \in \mathbf{H}_0$ como se muestra en el diagrama de la figura 3.3.

$$\begin{array}{c} \mathbf{G}_0 \\ \Big\downarrow{\scriptstyle F_0} \\ \mathbf{H}_0 \end{array}$$

Figura 3.3: Diagrama conmutativo de un 0-prefuntor.

3.1.7 Ejemplo. En el ejemplo 3.1.1, F y G son 0-prefuntores de tipo $\langle A, B \rangle$ y $\langle B, C \rangle$ respectivamente. En el ejemplo 3.1.5, F, G, H e I son 0-prefuntores de tipo $\langle A, B \rangle$, $\langle B, A \rangle$, $\langle C, A \rangle$ y $\langle C, B \rangle$, respectivamente.

3.2. (1,1)-gráfica

Hemos visto que cada 0-celda en una gráfica (1-gráfica) puede ser algo mas que simplemente un objeto abstracto. En la sección anterior presentamos una gráfica en la cual cada 0-celda es un conjunto. Presentaremos ahora una gráfica en la cual cada 0-celda es a su vez una 1-gráfica.

3.2.1 Definición ((1,1)-gráfica (gráfica de gráficas)). Una 1-gráfica en la cual cada 0-celda es una 1-gráfica es llamada una *(1,1)-gráfica*. El primer índice $1 \in \mathbb{N}$ indica la complejidad de la estructura externa mientras que el segundo índice ($1 \in \mathbb{N}$) indica la complejidad de la estructura interna de cada 0-celda. Una (1,1)-gráfica es también llamada una *gráfica de gráficas*.

3.2.2 Definición (Número de escala de una (1,1)-gráfica). Se dice que el *número de escala* de una (1,1)-gráfica es *dos*, ya que cada (1,1)-gráfica está dada en términos de dos números naturales: 1 y 1.

3.2.3 Ejemplo. Una (1,1)-gráfica:

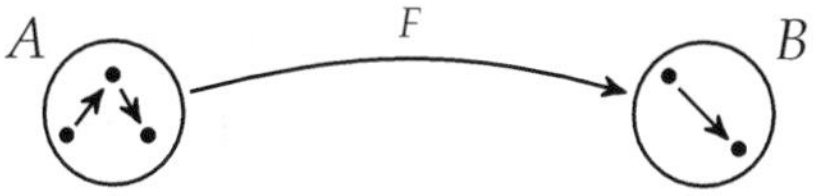

De la misma forma que en una (1,0)-gráfica cada 1-celda recibe el nombre de 0-prefuntor por ser un morfismo entre 0-gráficas, en una (1,1)-gráfica cada 1-celda recibe un nombre especial por ser un morfismo entre 1-gráficas. Note que cada una de estas 1-celdas recibe como entrada una 1-gráfica $\mathbf{G} = \{\mathbf{G}_0 \leftleftarrows \mathbf{G}_1\}$ y regresa como salida otra 1-gráfica $\mathbf{H} = \{\mathbf{H}_0 \leftleftarrows \mathbf{H}_1\}$, por lo cual un morfismo entre $\mathbf{G}$ y $\mathbf{H}$ debe tomar una 0-celda en $\mathbf{G}_0$ y regresar una 0-celda en $\mathbf{H}_0$, y también debe tomar una 1-celda en $\mathbf{G}_1$ y regresar una 1-celda en $\mathbf{H}_1$.

3.2.4 Definición (1-prefuntor). Un morfismo entre dos 1-gráficas es llamado *1-prefuntor*, y esta definido de la siguiente manera.

Dadas dos 1-gráficas $\mathbf{G} = \{\mathbf{G}_0 \leftleftarrows \mathbf{G}_1\}$ y $\mathbf{H} = \{\mathbf{H}_0 \leftleftarrows \mathbf{H}_1\}$, un 1-prefuntor F de $\mathbf{G}$ a $\mathbf{H}$ ($\text{tipo}(F) = \langle \mathbf{G}, \mathbf{H} \rangle$) está definido por dos mapeos

$$F_0 : \mathbf{G}_0 \to \mathbf{H}_0 \qquad \text{y} \qquad F_1 : \mathbf{G}_1 \to \mathbf{H}_1$$

como se muestra en el diagrama de la figura 3.4, donde $\text{origen}_\mathbf{G}$, $\text{destino}_\mathbf{G}$, $\text{origen}_\mathbf{H}$ y $\text{destino}_\mathbf{H}$ son las funciones origen y destino para $\mathbf{G}$ y para $\mathbf{H}$, respectivamente.

De aquí en adelante omitiremos los subíndices en un 1-prefuntor F. La función a la que estaremos haciendo referencia será clara a partir del argumento de la función. De la mismo forma, omitiremos los subíndices en las funciones origen, destino y tipo cuando la gráfica a la que hagamos referencia sea clara a partir del argumento.

El diagrama conmutativo de la figura 3.4 puede satisfacerse de mas de una manera. Fijemos, por el lado inferior derecho, el camino formado por

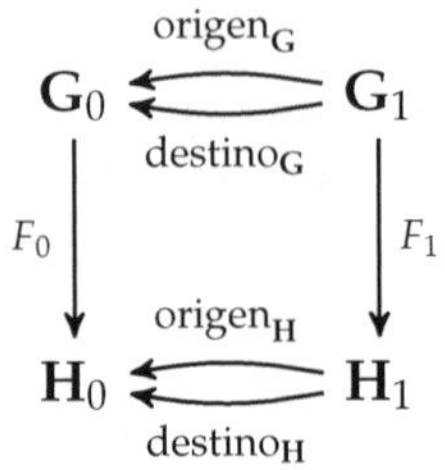

Figura 3.4: Diagrama conmutativo de un 1-prefuntor.

la composición entre F_1 y $\text{origen}_{\mathbf{H}}$ (fijando así también el camino formado por la composición entre F_1 y $\text{destino}_{\mathbf{H}}$): entonces por el lado superior izquierdo podemos escoger entre el camino formado por la composición entre $\text{origen}_{\mathbf{G}}$ y F_0 (fijando así también el camino formado por $\text{destino}_{\mathbf{G}}$ y F_0) o por el camino formado por la composición entre $\text{destino}_{\mathbf{G}}$ y F_0 (fijando así también el camino formado por $\text{origen}_{\mathbf{G}}$ y F_0).

En ambos casos, los caminos deben de ser iguales, por lo que tenemos dos formas diferentes de satisfacer dicho diagrama:

1. $\text{origen}_{\mathbf{H}} \circ F_1 = F_0 \circ \text{origen}_{\mathbf{G}}$ (es decir, $\text{destino}_{\mathbf{H}} \circ F_1 = F_0 \circ \text{destino}_{\mathbf{G}}$), ó
2. $\text{origen}_{\mathbf{H}} \circ F_1 = F_0 \circ \text{destino}_{\mathbf{G}}$ (es decir, $\text{destino}_{\mathbf{H}} \circ F_1 = F_0 \circ \text{origen}_{\mathbf{G}}$)

En cada uno de estos casos, un 1-prefuntor recibe un nombre especial.

3.2.5 Definición (1-prefuntor co-variante)**.** Cuando un 1-prefuntor F entrelaza origen con origen y destino con destino, es decir, cuando

$$\text{origen}_{\mathbf{H}} \circ F = F \circ \text{origen}_{\mathbf{G}} \qquad \text{destino}_{\mathbf{H}} \circ F = F \circ \text{destino}_{\mathbf{G}}$$

entonces se dice que F es un *1-prefuntor co-variante.*

Si F es un 1-prefuntor co-variante de $\mathbf{G}$ a $\mathbf{H}$, esto significa que para todo $f \in \mathbf{G}_1$ tenemos

$$\text{origen}_{\mathbf{H}}(F(f)) = F(\text{origen}_{\mathbf{G}}(f)) \qquad \text{destino}_{\mathbf{H}}(F(f)) = F(\text{destino}_{\mathbf{G}}(f))$$

Supongamos que $\text{tipo}(f) = \langle a, b\rangle$. Tenemos entonces que:

$$\begin{aligned}\text{tipo}_{\mathbf{H}}(F(f)) &= \langle\, \text{origen}_{\mathbf{H}}(F(f)), \text{destino}_{\mathbf{H}}(F(f))\rangle \\ &= \langle F(\text{origen}_{\mathbf{G}}(f)), F(\text{destino}_{\mathbf{G}}(f))\rangle \\ &= \langle F(a), F(b)\rangle\end{aligned}$$

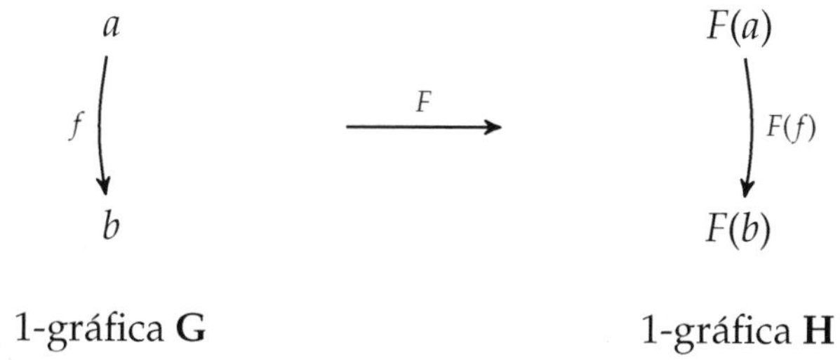

Figura 3.5: 1-prefuntor co-variante.

como se muestra en la figura 3.5.

3.2.6 Definición (1-prefuntor contra-variante). Cuando un 1-prefuntor F entrelaza origen con destino y destino con origen, es decir, cuando

$$\text{origen}_{\mathbf{H}} \circ F = F \circ \text{destino}_{\mathbf{G}} \qquad \text{destino}_{\mathbf{H}} \circ F = F \circ \text{origen}_{\mathbf{G}}$$

entonces se dice que F es un *1-prefuntor contra-variante*.

Si F es un 1-prefuntor contra-variante de $\mathbf{G}$ a $\mathbf{H}$, tenemos entonces que para todo $f \in \mathbf{G}_1$

$$\text{origen}_{\mathbf{H}}(F(f)) = F(\text{destino}_{\mathbf{G}}(f)) \qquad \text{destino}_{\mathbf{H}}(F(f)) = F(\text{origen}_{\mathbf{G}}(f))$$

Supongamos que $\text{tipo}(f) = \langle a, b\rangle$. Entonces:

$$\begin{aligned}\text{tipo}_{\mathbf{H}}(F(f)) &= \langle\, \text{origen}_{\mathbf{H}}(F(f)), \text{destino}_{\mathbf{H}}(F(f))\rangle \\ &= \langle F(\text{destino}_{\mathbf{G}}(f)), F(\text{origen}_{\mathbf{G}}(f))\rangle \\ &= \langle F(b), F(a)\rangle\end{aligned}$$

como se muestra en la figura 3.6.

3.2.7 Ejemplo. La siguiente (1,1)-gráfica $\mathbf{G}$ está formada por $\mathbf{G}_0 = \{A, B\}$ y $\mathbf{G}_1 = \{F\}$. La 1-gráfica A está formada por $A_0 = \{a_1, a_2\}$ y $A_1 = \{f\}$, mientras que la 1-gráfica B está formada por $B_0 = \{b_1, b_2, b_3\}$ y $B_1 = \{g, h, i\}$.

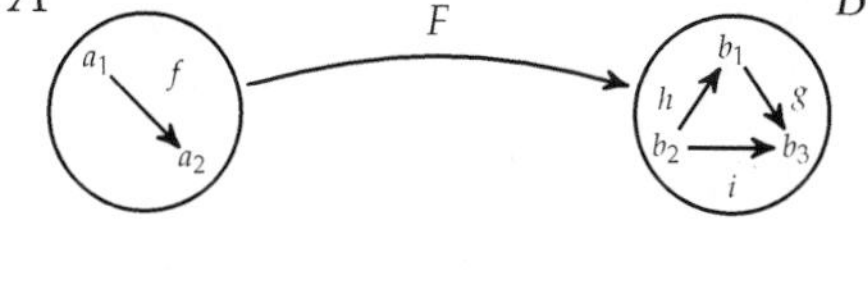

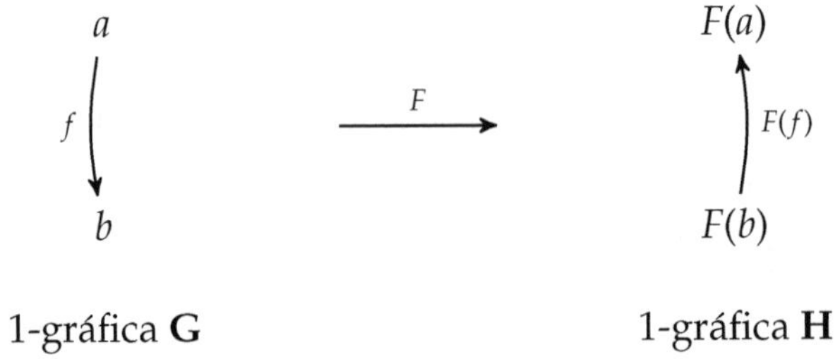

Figura 3.6: 1-prefuntor contra-variante.

Si tenemos que

$$F_0(a_1) = b_1 \qquad F_1(f) = g$$
$$F_0(a_2) = b_3$$

entonces F es un 1-prefuntor co-variante. Si tenemos que

$$F_0(a_1) = b_1 \qquad F_1(f) = h$$
$$F_0(a_2) = b_2$$

entonces F es un 1-prefuntor contra-variante.

3.3. Notas

Capítulo 4

Multigráfica de multigráficas

En el capítulo anterior estudiamos gráficas de gráficas: gráficas en las cuales cada una de sus 0-celdas podían ser desde 0-gráficas hasta 1-gráficas. Podemos construir estructuras aún mas complejas.

En este capítulo presentamos el concepto de *multigráfica de multigráficas*: multigráficas en las cuales cada 0-celda es a su vez una multigráfica. En el capítulo anterior observamos que al darle una estructura específica a cada 0-celda también le estamos dando una estructura específica a las 1-celdas (si existen) que actúan entre estas 0-celdas; de esta forma surge el concepto de prefuntor. De la misma manera, si cada 1-celda una estructura específica, entonces las 2-celdas que actúan entre dichas 1-celdas, si existen, obtiene también una estructura específica. En general, si damos una definición mas específica a las posibles entradas y salidas de un proceso, también debemos dar una definición mas específica a dicho proceso.

4.1. $(1, n)$-gráfica

4.1.1 Definición ((1,2)-gráfica). Una *(1,2)-gráfica* es una 1-gráfica $\mathbf{G}$ ($\mathbf{G} = \{\mathbf{G}_0 \leftleftarrows \mathbf{G}_1\}$) en la cual cada 0-celda en $\mathbf{G}_0$ es una 2-gráfica. El primer índice ($1 \in \mathbb{N}$) indica la complejidad de la estructura externa de $\mathbf{G}$, mientras que el segundo ($2 \in \mathbb{N}$) indica la complejidad interna de cada 0-celda.

4.1.2 Ejemplo. El siguiente diagrama muestra una (1,2)-gráfica:

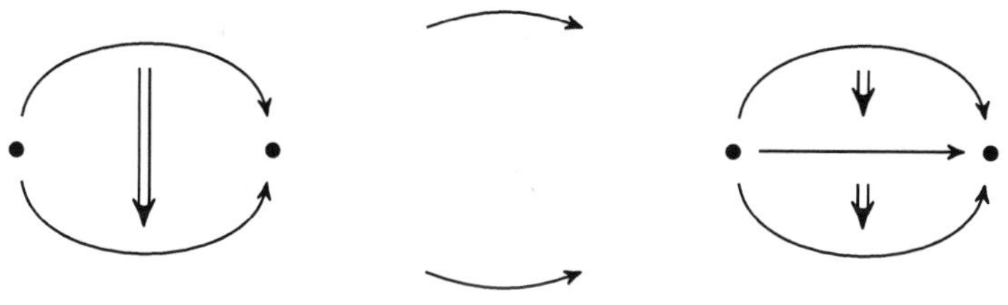

Note como, en una (1,2)-gráfica, cada 1-celda es una relaciones entre 2-gráficas. El nombre para estas 1-celdas y su definición formal se dan a continuación.

4.1.3 Definición (2-prefuntor). Un morfismo entre dos 2-gráficas es llamado un *2-prefuntor*, y se define formalmente de la siguiente manera.

Dadas dos 2-gráficas $\mathbf{G} = \{\mathbf{G}_0 \leftleftarrows \mathbf{G}_1 \leftleftarrows \mathbf{G}_2\}$ y $\mathbf{H} = \{\mathbf{H}_0 \leftleftarrows \mathbf{H}_1 \leftleftarrows \mathbf{H}_2\}$, un *2-prefuntor* F de $\mathbf{G}$ a $\mathbf{H}$ (tipo(F) = $\langle \mathbf{G}, \mathbf{H} \rangle$) está definido por tres mapeos

$$F_0 : \mathbf{G}_0 \to \mathbf{H}_0, \qquad F_1 : \mathbf{G}_1 \to \mathbf{H}_1, \qquad F_2 : \mathbf{G}_2 \to \mathbf{H}_2$$

como se muestra en el diagrama de la figura 4.1. Omitiremos los subíndices

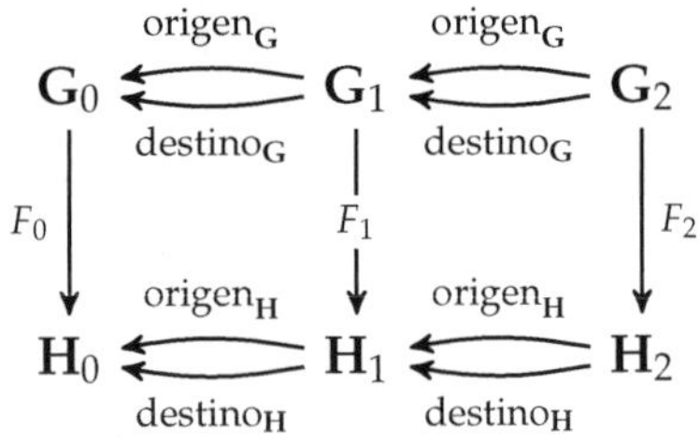

Figura 4.1: Diagrama conmutativo de un 2-prefuntor.

en un 2-prefuntor F cuando no haya ambigüedad.

De la misma forma que el diagrama conmutativo de un 1-prefuntor, el diagrama conmutativo de un 2-prefuntor puede ser satisfecho de mas de una forma. En esta caso, tenemos cuatro posibilidades: elegimos primero una entre dos formas distintas en las cuales se puede entrelazar la mitad izquierda del diagrama y después elegimos una entre dos formas distintas en las cuales se puede entrelazar la mitad derecha.

1. F entrelaza origen con origen y destino con destino, tanto del lado izquierdo (*izq*) como del lado derecho (*der*):

   izq: $\text{origen}_{\mathbf{H}} \circ F_1 = F_0 \circ \text{origen}_{\mathbf{G}}$, $\text{destino}_{\mathbf{H}} \circ F_1 = F_0 \circ \text{destino}_{\mathbf{G}}$
   der: $\text{origen}_{\mathbf{H}} \circ F_2 = F_1 \circ \text{origen}_{\mathbf{G}}$, $\text{destino}_{\mathbf{H}} \circ F_2 = F_1 \circ \text{destino}_{\mathbf{G}}$

2. F entrelaza origen con origen y destino con destino del lado izquierdo pero entrelaza origen con destino y destino con origen del lado derecho:

$$\begin{aligned}
&\textit{izq}\text{:} \quad \text{origen}_{\mathbf{H}} \circ F_1 = F_0 \circ \text{origen}_{\mathbf{G}} \ , \ \text{destino}_{\mathbf{H}} \circ F_1 = F_0 \circ \text{destino}_{\mathbf{G}} \\
&\textit{der}\text{:} \quad \text{origen}_{\mathbf{H}} \circ F_2 = F_1 \circ \text{destino}_{\mathbf{G}} \ , \ \text{destino}_{\mathbf{H}} \circ F_2 = F_1 \circ \text{origen}_{\mathbf{G}}
\end{aligned}$$

3. F entrelaza origen con destino y destino con origen del lado izquierdo pero entrelaza origen con origen y destino con destino del lado derecho:

$$\begin{aligned}
&\textit{izq}\text{:} \quad \text{origen}_{\mathbf{H}} \circ F_1 = F_0 \circ \text{destino}_{\mathbf{G}} \ , \ \text{destino}_{\mathbf{H}} \circ F_1 = F_0 \circ \text{origen}_{\mathbf{G}} \\
&\textit{der}\text{:} \quad \text{origen}_{\mathbf{H}} \circ F_2 = F_1 \circ \text{origen}_{\mathbf{G}} \ , \ \text{destino}_{\mathbf{H}} \circ F_2 = F_1 \circ \text{destino}_{\mathbf{G}}
\end{aligned}$$

4. F entrelaza origen con destino y destino con origen tanto del lado izquierdo como del lado derecho:

$$\begin{aligned}
&\textit{izq}\text{:} \quad \text{origen}_{\mathbf{H}} \circ F_1 = F_0 \circ \text{destino}_{\mathbf{G}} \ , \ \text{destino}_{\mathbf{H}} \circ F_1 = F_0 \circ \text{origen}_{\mathbf{G}} \\
&\textit{der}\text{:} \quad \text{origen}_{\mathbf{H}} \circ F_2 = F_1 \circ \text{destino}_{\mathbf{G}} \ , \ \text{destino}_{\mathbf{H}} \circ F_2 = F_1 \circ \text{origen}_{\mathbf{G}}
\end{aligned}$$

Un 2-prefuntor recibe un nombre especial de acuerdo a la forma en que satisface su diagrama conmutativo.

4.1.4 Definición (2-prefuntor co-co-variante)**.** Cuando un 2-prefuntor F entrelaza origen con origen y destino con destino tanto del lado izquierdo como del lado derecho en el diagrama conmutativo de la figura 4.1, es decir, cuando tenemos

$$\begin{aligned}
\text{origen}_{\mathbf{H}} \circ F_1 &= F_0 \circ \text{origen}_{\mathbf{G}} & \text{destino}_{\mathbf{H}} \circ F_1 &= F_0 \circ \text{destino}_{\mathbf{G}} \\
\text{origen}_{\mathbf{H}} \circ F_2 &= F_1 \circ \text{origen}_{\mathbf{G}} & \text{destino}_{\mathbf{H}} \circ F_2 &= F_1 \circ \text{destino}_{\mathbf{G}}
\end{aligned}$$

entonces decimos que F es un *2-prefuntor co-co-variante*.

Si F es un 2-prefuntor co-co-variante de $\mathbf{G}$ a $\mathbf{H}$, entonces para toda 1-celda $f \in \mathbf{G}_1$ y para toda 2-celda $\alpha \in \mathbf{G}_2$ tenemos que

$$\begin{aligned}
\text{origen}_{\mathbf{H}}(F(f)) &= F(\text{origen}_{\mathbf{G}}(f)) & \text{destino}_{\mathbf{H}}(F(f)) &= F(\text{destino}_{\mathbf{G}}(f)) \\
\text{origen}_{\mathbf{H}}(F(\alpha)) &= F(\text{origen}_{\mathbf{G}}(\alpha)) & \text{destino}_{\mathbf{H}}(F(\alpha)) &= F(\text{destino}_{\mathbf{G}}(\alpha))
\end{aligned}$$

es decir, si $\text{tipo}(f) = \langle a, b \rangle$, entonces

$$\begin{aligned}
\text{tipo}_{\mathbf{H}}(F(f)) &= \langle\, \text{origen}_{\mathbf{H}}(F(f)), \text{destino}_{\mathbf{H}}(F(f)) \rangle \\
&= \langle F(\text{origen}_{\mathbf{G}}(f)), F(\text{destino}_{\mathbf{G}}(f)) \rangle \\
&= \langle F(a), F(b) \rangle
\end{aligned}$$

y si $\text{tipo}(\alpha) = \langle f, g \rangle$, entonces

$$\begin{aligned}\text{tipo}_{\mathbf{H}}(F(\alpha)) &= \langle\, \text{origen}_{\mathbf{H}}(F(\alpha)), \text{destino}_{\mathbf{H}}(F(\alpha))\rangle \\ &= \langle F(\text{origen}_{\mathbf{G}}(\alpha)), F(\text{destino}_{\mathbf{G}}(\alpha))\rangle \\ &= \langle F(f), F(g)\rangle\end{aligned}$$

lo que se resume en la figura 4.2.

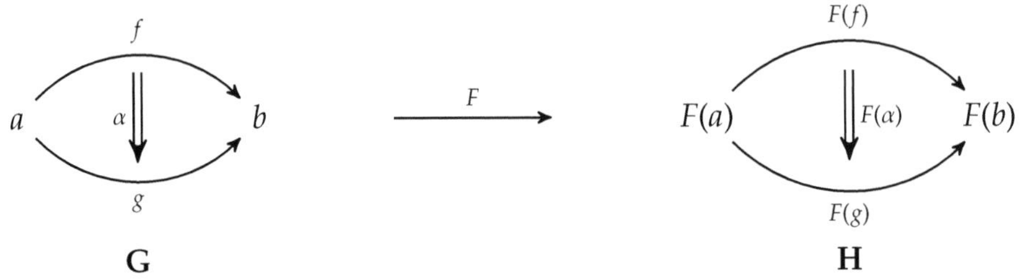

Figura 4.2: 2-prefuntor co-co-variante.

4.1.5 Definición (2-prefuntor co-contra-variante). Cuando un 2-prefuntor F entrelaza origen con origen y destino con destino del lado izquierdo, pero entrelaza origen con destino y destino con origen del lado derecho en el diagrama conmutativo de la figura 4.1, es decir, cuando

$$\begin{aligned}\text{origen}_{\mathbf{H}} \circ F_1 &= F_0 \circ \text{origen}_{\mathbf{G}} & \text{destino}_{\mathbf{H}} \circ F_1 &= F_0 \circ \text{destino}_{\mathbf{G}} \\ \text{origen}_{\mathbf{H}} \circ F_2 &= F_1 \circ \text{destino}_{\mathbf{G}} & \text{destino}_{\mathbf{H}} \circ F_2 &= F_1 \circ \text{origen}_{\mathbf{G}}\end{aligned}$$

entonces decimos que F es un *2-prefuntor co-contra-variante*.

Si F es un 2-prefuntor co-contra-variante de $\mathbf{G}$ a $\mathbf{H}$, entonces para toda 1-celda $f \in \mathbf{G}_1$ y para toda 2-celda $\alpha \in \mathbf{G}_2$ tenemos que

$$\begin{aligned}\text{origen}_{\mathbf{H}}(F(f)) &= F(\text{origen}_{\mathbf{G}}(f)) & \text{destino}_{\mathbf{H}}(F(f)) &= F(\text{destino}_{\mathbf{G}}(f)) \\ \text{origen}_{\mathbf{H}}(F(\alpha)) &= F(\text{destino}_{\mathbf{G}}(\alpha)) & \text{destino}_{\mathbf{H}}(F(\alpha)) &= F(\text{origen}_{\mathbf{G}}(\alpha))\end{aligned}$$

es decir, si $\text{tipo}(f) = \langle a, b \rangle$, entonces

$$\begin{aligned}\text{tipo}_{\mathbf{H}}(F(f)) &= \langle\, \text{origen}_{\mathbf{H}}(F(f)), \text{destino}_{\mathbf{H}}(F(f))\rangle \\ &= \langle F(\text{origen}_{\mathbf{G}}(f)), F(\text{destino}_{\mathbf{G}}(f))\rangle \\ &= \langle F(a), F(b)\rangle\end{aligned}$$

y si $\text{tipo}(\alpha) = \langle f, g \rangle$, entonces

$$\begin{aligned}\text{tipo}_{\mathbf{H}}(F(\alpha)) &= \langle\, \text{origen}_{\mathbf{H}}(F(\alpha)), \text{destino}_{\mathbf{H}}(F(\alpha))\rangle \\ &= \langle F(\text{destino}_{\mathbf{G}}(\alpha)), F(\text{origen}_{\mathbf{G}}(\alpha))\rangle \\ &= \langle F(g), F(f)\rangle\end{aligned}$$

lo que se resume en la figura 4.3.

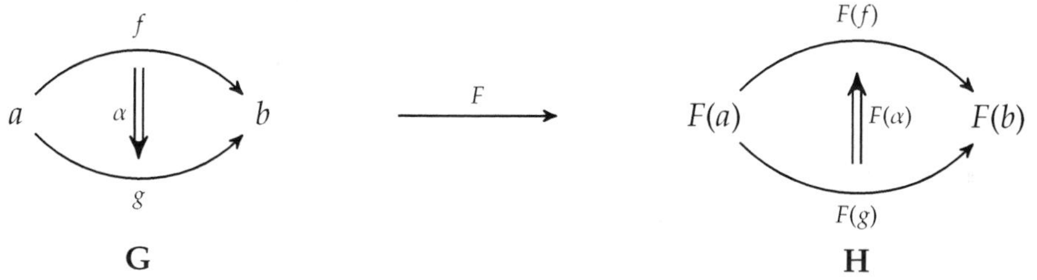

Figura 4.3: 2-prefuntor co-contra-variante.

4.1.6 Definición (2-prefuntor contra-co-variante). Cuando un 2-prefuntor F entrelaza origen con destino y destino con origen del lado izquierdo, pero entrelaza origen con origen y destino con destino del lado derecho en el diagrama conmutativo de la figura 4.1, es decir, cuando

$$\begin{aligned}\text{origen}_{\mathbf{H}} \circ F_1 &= F_0 \circ \text{destino}_{\mathbf{G}} & \text{destino}_{\mathbf{H}} \circ F_1 &= F_0 \circ \text{origen}_{\mathbf{G}} \\ \text{origen}_{\mathbf{H}} \circ F_2 &= F_1 \circ \text{origen}_{\mathbf{G}} & \text{destino}_{\mathbf{H}} \circ F_2 &= F_1 \circ \text{destino}_{\mathbf{G}}\end{aligned}$$

entonces decimos que F es un *2-prefuntor co-contra-variante*.

Si F es un 2-prefuntor contra-co-variante de $\mathbf{G}$ a $\mathbf{H}$, entonces para toda 1-celda $f \in \mathbf{G}_1$ y para toda 2-celda $\alpha \in \mathbf{G}_2$ tenemos que

$$\begin{aligned}\text{origen}_{\mathbf{H}}(F(f)) &= F(\text{destino}_{\mathbf{G}}(f)) & \text{destino}_{\mathbf{H}}(F(f)) &= F(\text{origen}_{\mathbf{G}}(f)) \\ \text{origen}_{\mathbf{H}}(F(\alpha)) &= F(\text{origen}_{\mathbf{G}}(\alpha)) & \text{destino}_{\mathbf{H}}(F(\alpha)) &= F(\text{destino}_{\mathbf{G}}(\alpha))\end{aligned}$$

es decir, si $\text{tipo}(f) = \langle a, b \rangle$, entonces

$$\begin{aligned}\text{tipo}_{\mathbf{H}}(F(f)) &= \langle\, \text{origen}_{\mathbf{H}}(F(f)), \text{destino}_{\mathbf{H}}(F(f))\rangle \\ &= \langle F(\text{destino}_{\mathbf{G}}(f)), F(\text{origen}_{\mathbf{G}}(f))\rangle \\ &= \langle F(b), F(a)\rangle\end{aligned}$$

y si $\text{tipo}(\alpha) = \langle f, g\rangle$, entonces

$$\begin{aligned}\text{tipo}_{\mathbf{H}}(F(\alpha)) &= \langle\, \text{origen}_{\mathbf{H}}(F(\alpha)), \text{destino}_{\mathbf{H}}(F(\alpha))\rangle \\ &= \langle F(\text{origen}_{\mathbf{G}}(\alpha)), F(\text{destino}_{\mathbf{G}}(\alpha))\rangle \\ &= \langle F(f), F(g)\rangle\end{aligned}$$

Lo anterior se representa en la figura 4.4.

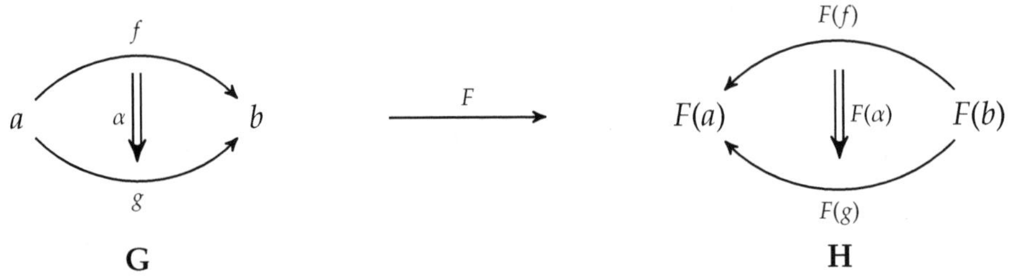

Figura 4.4: 2-prefuntor contra-co-variante

4.1.7 Definición (2-prefuntor contra-contra-variante). Cuando un 2-prefuntor F entrelaza origen con destino y destino con origen tanto del lado izquierdo como del lado derecho en el diagrama conmutativo de la figura 4.1, es decir, cuando

$$\begin{aligned}\text{origen}_{\mathbf{H}} \circ F_1 &= F_0 \circ \text{destino}_{\mathbf{G}} & \text{destino}_{\mathbf{H}} \circ F_1 &= F_0 \circ \text{origen}_{\mathbf{G}} \\ \text{origen}_{\mathbf{H}} \circ F_2 &= F_1 \circ \text{destino}_{\mathbf{G}} & \text{destino}_{\mathbf{H}} \circ F_2 &= F_1 \circ \text{origen}_{\mathbf{G}}\end{aligned}$$

entonces decimos que F es un *2-prefuntor contra-contra-variante*.

Si F es un 2-prefuntor contra-contra-variante de $\mathbf{G}$ a $\mathbf{H}$, entonces para toda 1-celda $f \in \mathbf{G}_1$ y para toda 2-celda $\alpha \in \mathbf{G}_2$ tenemos que

$$\begin{aligned}\text{origen}_{\mathbf{H}}(F(f)) &= F(\text{destino}_{\mathbf{G}}(f)) & \text{destino}_{\mathbf{H}}(F(f)) &= F(\text{origen}_{\mathbf{G}}(f)) \\ \text{origen}_{\mathbf{H}}(F(\alpha)) &= F(\text{destino}_{\mathbf{G}}(\alpha)) & \text{destino}_{\mathbf{H}}(F(\alpha)) &= F(\text{origen}_{\mathbf{G}}(\alpha))\end{aligned}$$

es decir, si $\text{tipo}(f) = \langle a, b\rangle$, entonces

$$\begin{aligned}\text{tipo}_{\mathbf{H}}(F(f)) &= \langle\, \text{origen}_{\mathbf{H}}(F(f)), \text{destino}_{\mathbf{H}}(F(f))\rangle \\ &= \langle F(\text{destino}_{\mathbf{G}}(f)), F(\text{origen}_{\mathbf{G}}(f))\rangle \\ &= \langle F(b), F(a)\rangle\end{aligned}$$

y si tipo$(\alpha) = \langle f, g\rangle$, entonces

$$\begin{aligned}\text{tipo}_{\mathbf{H}}(F(\alpha)) &= \langle\, \text{origen}_{\mathbf{H}}(F(\alpha)), \text{destino}_{\mathbf{H}}(F(\alpha))\rangle \\ &= \langle F(\text{destino}_{\mathbf{G}}(\alpha)), F(\text{origen}_{\mathbf{G}}(\alpha))\rangle \\ &= \langle F(g), F(f)\rangle\end{aligned}$$

lo que se resume en la figura 4.5.

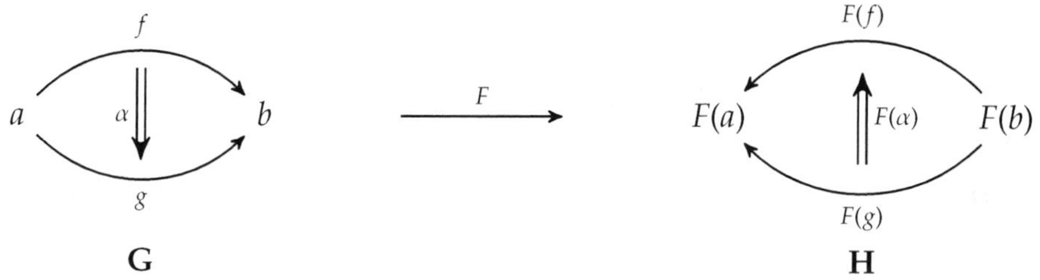

Figura 4.5: 2-prefuntor contra-contra-variante

4.1.8 Ejemplo.

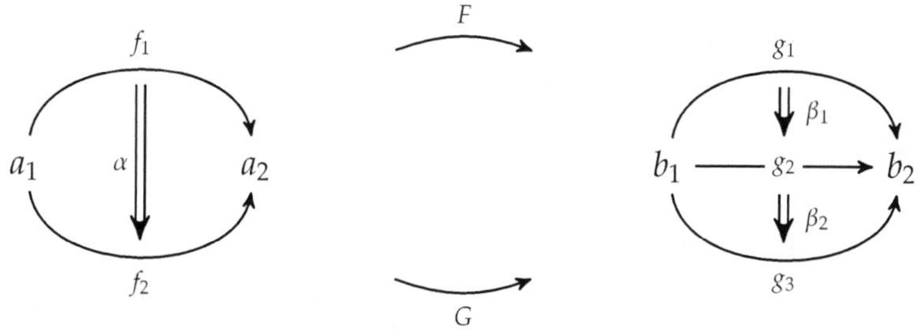

El 2-prefuntor F esta definido como

$$\begin{array}{lll} F_0(a_1) = b_1 & F_1(f_1) = g_2 & F_2(\alpha_1) = \beta_2 \\ F_0(a_2) = b_2 & F_1(f_2) = g_3 & \end{array}$$

Este funtor F es co-co-variante ya que, dado tipo$(f_1) = \langle a_1, a_2\rangle$ y tipo$(f_2) = \langle a_1, a_2\rangle$, tenemos que:

$$\begin{aligned}\text{tipo}(F_1(f_1)) &= \text{tipo}(g_2) \\ &= \langle b_1, b_2\rangle \\ &= \langle F_0(a_1), F_0(a_2))\rangle\end{aligned} \qquad \begin{aligned}\text{tipo}(F_1(f_2)) &= \text{tipo}(g_3) \\ &= \langle b_1, b_2\rangle \\ &= \langle F_0(a_1), F_0(a_2))\rangle\end{aligned}$$

y dado que tipo(α_1) = $\langle f_1, f_2 \rangle$ tenemos que

$$\begin{aligned} \text{tipo}(F_2(\alpha_1)) &= \text{tipo}(\beta_2) \\ &= \langle g_2, g_3 \rangle \\ &= \langle F_1(f_1), F_1(f_2) \rangle \end{aligned}$$

El 2-prefuntor G está definido como

$$\begin{array}{lll} G_0(a_1) = b_1 & G_1(f_1) = g_2 & G_2(\alpha_1) = \beta_1 \\ G_0(a_2) = b_2 & G_1(f_2) = g_1 & \end{array}$$

G es co-contra-variante ya que, dado tipo(f_1) = $\langle a_1, a_2 \rangle$ y tipo(f_2) = $\langle a_1, a_2 \rangle$, tenemos que:

$$\begin{aligned} \text{tipo}(G_1(f_1)) &= \text{tipo}(g_2) \\ &= \langle b_1, b_2 \rangle \\ &= \langle G_0(a_1), G_0(a_2)) \rangle \end{aligned} \qquad \begin{aligned} \text{tipo}(G_1(f_2)) &= \text{tipo}(g_1) \\ &= \langle b_1, b_2 \rangle \\ &= \langle G_0(a_1), G_0(a_2)) \rangle \end{aligned}$$

y dado que tipo(α_1) = $\langle f_1, f_2 \rangle$ tenemos que

$$\begin{aligned} \text{tipo}(F_2(\alpha_1)) &= \text{tipo}(\beta_1) \\ &= \langle g_1, g_2 \rangle \\ &= \langle G_1(f_2), G_1(f_1) \rangle \end{aligned}$$

En general, podemos considerar gráficas en las cuales cada 0-celda es a su vez una n-gráfica. Esta estructura se define formalmente a continuación.

4.1.9 Definición (($1, n$)-gráfica). Una $(1, n)$-*gráfica* es una 1-gráfica en la cual cada 0-celda es una n-gráfica.

La definición formal de un i-prefuntor, para cualquier $1 \geq i$, se puede obtener fácilmente a partir de las definiciones para un 1-prefuntor (definición 3.2.4) y para un 2-prefuntor (definición 4.1.3). Por ejemplo, un 3-prefuntor es una relación entre dos 3-gráficas $\mathbf{G}$ y $\mathbf{H}$. Un 3-prefuntor F se define como cuatro mapeos $F_i : \mathbf{G}_i \to \mathbf{H}_i$ ($0 \leq i \leq 3$) tal como se muestra en el diagrama conmutativo de la figura 4.6.

La definición de un n-prefuntor es, en general, la siguiente.

4.1.10 Definición (n-prefuntor). Un n-*prefuntor* es una relación entre dos n-gráficas. En particular, cada 1-celda en una $(1, n)$-gráfica es un n-prefuntor.

Formalmente, un n-prefuntor F entre dos n-gráficas $\mathbf{G}$ y $\mathbf{H}$ está definido por $n + 1$ mapeos

$$F_i : \mathbf{G}_i \to \mathbf{H}_i \qquad 0 \leq i \leq n$$

que satisfacen el diagrama conmutativo de la figura 4.7.

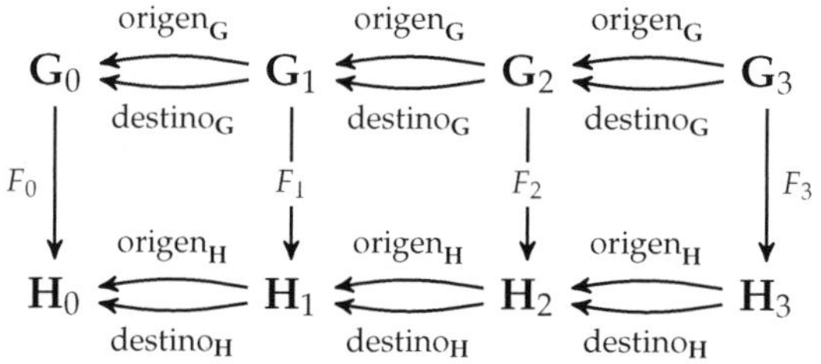

Figura 4.6: Diagrama conmutativo de un 3-prefuntor.

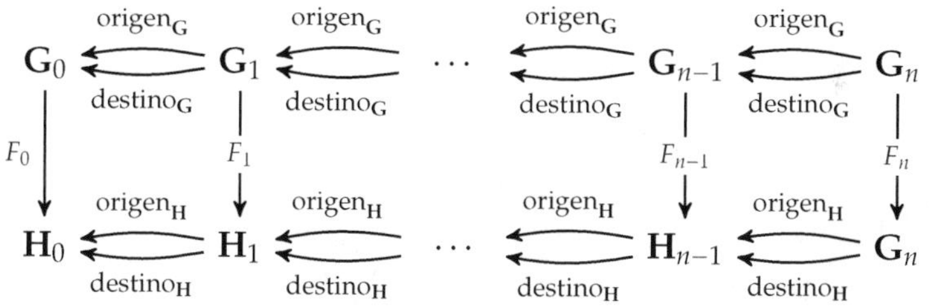

Figura 4.7: Diagrama conmutativo de un n-prefuntor.

Los diferentes tipos de n-prefuntores también pueden ser obtenidos fácilmente. Para el caso de un 3-prefuntor, hay 8 maneras distintas en las que se puede satisfacer el diagrama conmutativo: dos opciones para el lado izquierdo, dos opciones para el centro y dos opciones para el lado derecho. Tenemos entonces 8 tipos diferentes de 3-prefuntores: 3-prefuntor co-co-co-variante, 3-prefuntor co-co-contra-variante, ... y 3-prefuntor contra-contra-contra-variante.

En general, tenemos 2^n tipos diferentes de n-prefuntores, dependiendo de la forma en que se entrelazan los mapeos para satisfacer el diagrama conmutativo.

4.2. $(2, n)$-gráfica

4.2.1 Definición ((2,0)-gráfica)**.** Una *(2,0)-gráfica* **G** es una 2-gráfica en la cual cada 0-celda es una 0-gráfica. El primer índice ($2 \in \mathbb{N}$) indica la complejidad de la estructura externa de **G**, mientras que el segundo ($0 \in \mathbb{N}$) indica la complejidad interna de cada 0-celda.

4.2.2 Definición (0-pre-transformación natural). Una *0-pre-transformación natural* α es un morfismo entre dos 0-prefuntores F y G (tipo(α) = $\langle F, G\rangle$).

4.2.3 Ejemplo. El siguiente diagrama muestra una (2,0)-gráfica:

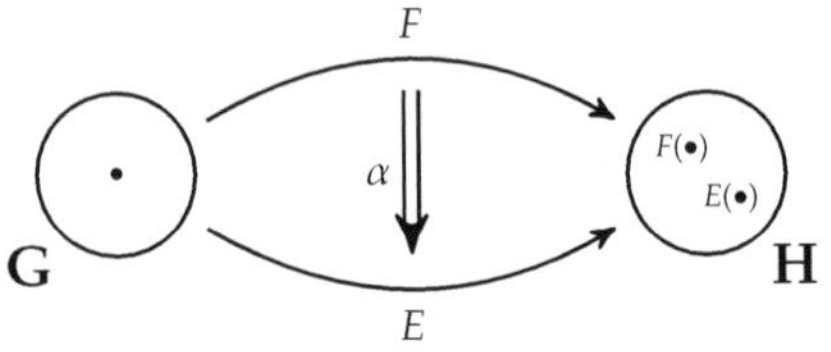

Note como no podemos definir la 0-pre-transformación natural α de F a E como un mapeo o un conjunto de mapeos ya que, al ser $\mathbf{H}$ una 0-gráfica, no tiene 1-celdas y entonces no hay relación alguna entre $F(\bullet)$ y $E(\bullet)$.

4.2.4 Definición ((2,1)-gráfica). Una *(2,1)-gráfica* es una 2-gráfica $\mathbf{G}$ ($\mathbf{G} = \{\mathbf{G}_0 \leftleftarrows \mathbf{G}_1 \leftleftarrows \mathbf{G}_2\}$) en la cual cada 0-celda que pertenece a $\mathbf{G}_0$ es una 1-gráfica. El primer índice ($2 \in \mathbb{N}$) indica la complejidad de la estructura externa de $\mathbf{G}$, mientras que el segundo ($1 \in \mathbb{N}$) indica la complejidad interna de cada 0-celda.

4.2.5 Ejemplo. Una (2,1)-gráfica

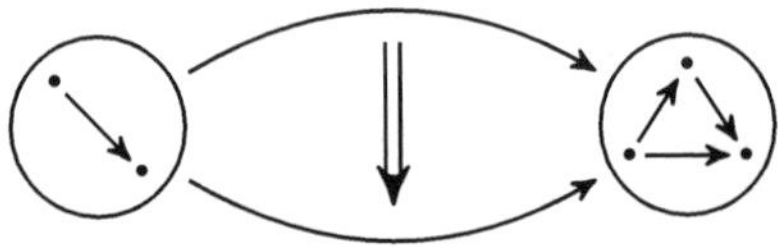

En una (2,1)-gráfica $\mathbf{G}$, cada 2-celda en $\mathbf{G}_2$ es un morfismo entre dos 1-prefuntores, y recibe un nombre particular.

4.2.6 Definición (1-pre-transformación natural). Una *1-pre-transformación natural* es un morfismo entre dos 1-prefuntores, y se define formalmente de la siguiente manera.

Sean $\mathbf{G}$ y $\mathbf{H}$ dos 1-gráficas, y sean F y E dos 1-prefuntores entre dichas 1-gráficas (tipo(F) = tipo(E) = $\langle \mathbf{G}, \mathbf{H}\rangle$). Una 1-pre-transformación natural α entre F y E (tipo(α) = $\langle F, E\rangle$) se define como una función

$$\alpha : \mathbf{G}_0 \to \mathbf{H}_1$$

que asigna a cada 0-celda $a \in \mathbf{G}_0$ una 1-celda $\alpha(a) \in \mathbf{H}_1$, como se muestra en el diagrama conmutativo de la figura 4.8.

Dicha 1-celda $\alpha(a)$ debe cumplir la siguiente propiedad:

$$\text{tipo}(\alpha(a)) = \langle F(a), E(a)\rangle$$

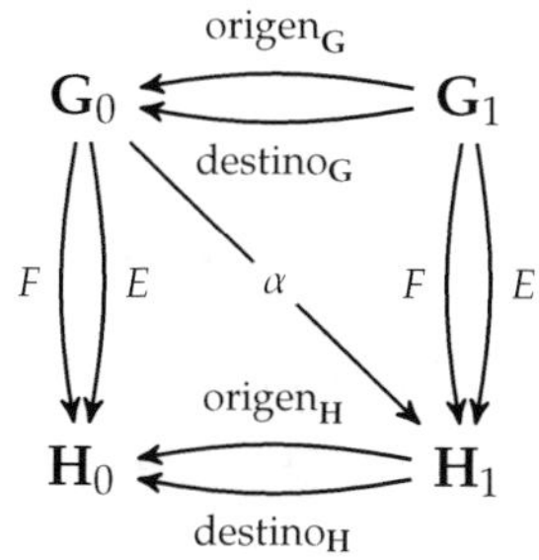

Figura 4.8: Diagrama conmutativo de una 1-pre-transformación natural.

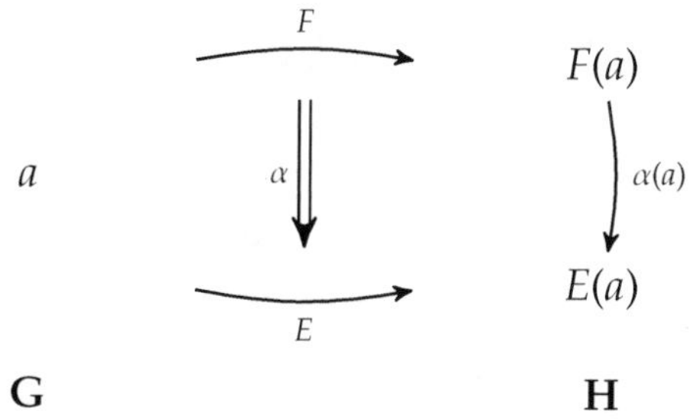

4.2.7 Ejemplo.

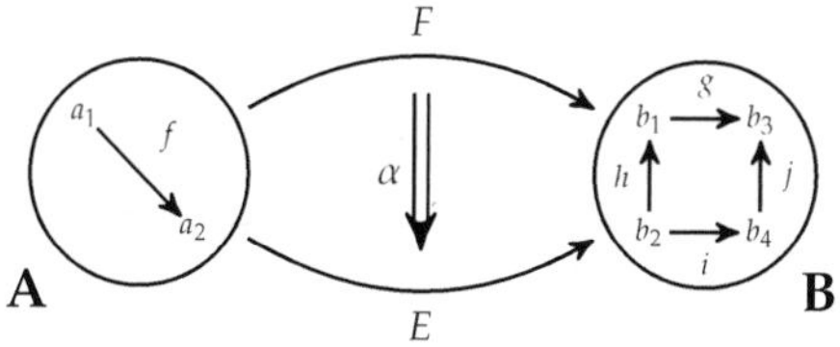

En el diagrama anterior, el 1-prefuntor co-variante F está definido como

$$F(a_1) = b_2 \qquad F(f) = i$$
$$F(a_2) = b_4$$

mientras que el 1-prefuntor co-variante E esta definido como

$$E(a_1) = b_1 \qquad E(f) = g$$
$$E(a_2) = b_3$$

Para que α sea una 1-pre-transformación natural, es necesario que

$$\text{tipo}(\alpha(a_1)) = \langle F(a_1), E(a_1)\rangle \quad \text{y} \quad \text{tipo}(\alpha(a_2)) = \langle F(a_2), E(a_2)\rangle$$

Podemos definir entonces α como

$$\alpha(a_1) = h \qquad \alpha(a_2) = j$$

4.2.8 Definición ((2,2)-gráfica). Una *(2,2)-gráfica* es una 2-gráfica $\mathbf{G}$ ($\mathbf{G} = \{\mathbf{G}_0 \leftleftarrows \mathbf{G}_1 \leftleftarrows \mathbf{G}_2\}$) en la cual cada 0-celda que pertenece a $\mathbf{G}_0$ es una 2-gráfica. El primer índice ($2 \in \mathbb{N}$) indica la complejidad de la estructura externa de $\mathbf{G}$, mientras que el segundo ($2 \in \mathbb{N}$) indica la complejidad interna de cada 0-celda.

En una (2,2)-gráfica $\mathbf{G}$, cada 2-celda en $\mathbf{G}_2$ es ahora un morfismo entre 2-prefuntores. La definición formal de este tipo de morfismos se presenta a continuación.

4.2.9 Definición (2-pre-transformación natural). Una *2-pre-transformación natural* es un morfismo entre dos 2-prefuntores, y se define formalmente de la siguiente manera.

Sean $\mathbf{G}$ y $\mathbf{H}$ dos 2-gráficas, y sean F y E dos 2-prefuntores entre dichas 2-gráficas (tipo(F) = tipo(E) = $\langle \mathbf{G}, \mathbf{H} \rangle$). Una 2-pre-transformación natural α entre F y E (tipo(α) = $\langle F, E \rangle$) se define como dos funciones

$$\alpha_0 : \mathbf{G}_0 \to \mathbf{H}_1 \qquad \text{y} \qquad \alpha_1 : \mathbf{G}_1 \to \mathbf{H}_2$$

que asignan a cada 0-celda $a \in \mathbf{G}_0$ una 1-celda $\alpha(a) \in \mathbf{H}_1$, y a cada 1-celda $f \in \mathbf{G}_1$ una 2-celda $\alpha(f) \in \mathbf{H}_2$ como se muestra en el diagrama conmutativo de la figura 4.9.

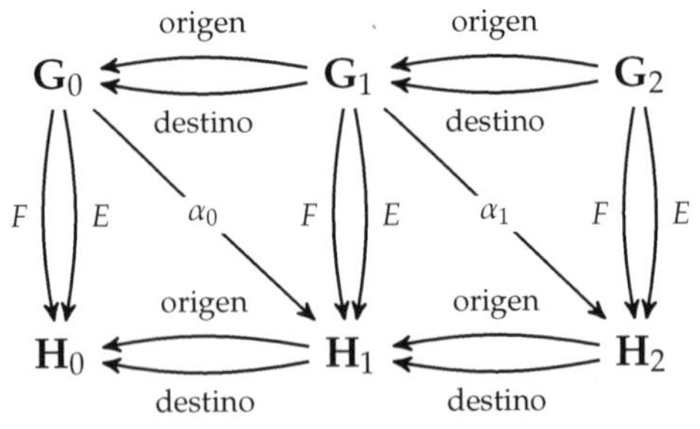

Figura 4.9: Diagrama conmutativo de una 2-pre-transformación natural.

La 1-celda $\alpha(a)$ y la 2-celda $\alpha(f)$ deben cumplir las siguientes propiedades:

$$\text{tipo}(\alpha_0(a)) = \langle F(a), E(a) \rangle \qquad \text{y} \qquad \text{tipo}(\alpha_1(f)) = \langle F(f), E(f) \rangle$$

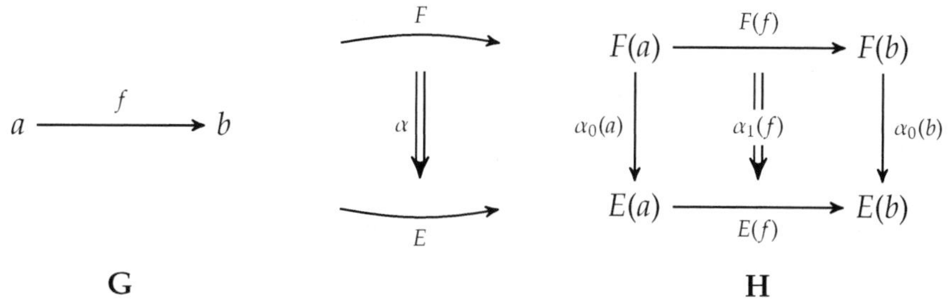

Como es costumbre, omitiremos los subíndices en una 2-pre-transformación natural. En general, una $(2, n)$-gráfica se define formalmente de la siguiente manera.

4.2.10 Definición ($(2, n)$-gráfica)**.** Una *$(2, n)$-gráfica* es una 2-gráfica $\mathbf{G}$ en la cual cada 0-celda que pertenece a $\mathbf{G}_0$ es una n-gráfica. El primer índice ($2 \in \mathbb{N}$) indica la complejidad de la estructura externa de $\mathbf{G}$, mientras que el segundo ($n \in \mathbb{N}$) indica la complejidad interna de cada 0-celda.

La definición formal de una n-pre-transformación natural (un morfismo entre dos n-prefuntores) se deriva fácilmente de las definiciones de 1-pre-transformación natural (definición 4.2.6) y 1-pre-transformación natural (definición 4.2.9).

4.2.11 Definición (n-pre-transformación natural)**.** Una *n-pre-transformación natural* es un morfismo entre dos n-prefuntores, y se define formalmente de la siguiente manera.

Sean $\mathbf{G}$ y $\mathbf{H}$ dos n-gráficas, y sean F y E dos n-prefuntores entre dichas n-gráficas (tipo(F) = tipo$(E) = \langle \mathbf{G}, \mathbf{H} \rangle$). Una n-pre-transformación natural α entre F y E (tipo$(\alpha) = \langle F, E \rangle$) se define como n funciones

$$\alpha_i : \mathbf{G}_i \to \mathbf{H}_{i+1} \qquad 0 \leq i \leq n-1$$

como se muestra en el diagrama conmutativo de la figura 4.10.

Las n funciones que definen a una n-pre-transformación natural α son tales que

$$\text{tipo}(\alpha_i(a)) = \langle F(a), E(a) \rangle \qquad 0 \leq i \leq n-1$$

para toda i-celda $a \in \mathbf{G}_i$.

4.3. $(3, n)$-gráfica

4.3.1 Definición ((3,0)-gráfica)**.** Una *(3,0)-gráfica* $\mathbf{G}$ es una 3-gráfica en la cual cada 0-celda es una 0-gráfica. Como es costumbre, el primer índice

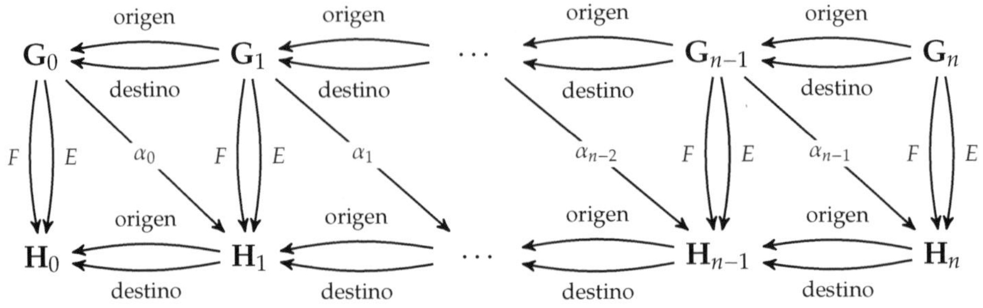

Figura 4.10: Diagrama conmutativo de una n-pre-transformación natural.

($3 \in \mathbb{N}$) indica la estructura externa de **G**, mientras que el segundo ($0 \in \mathbf{G}$) indica la estructura interna de cada 0-celda.

En una (3,0)-gráfica, cada 0-celda es una 0-gráfica, cada 1-celda es una relación entre dos 0-gráficas (y recibe por lo tanto el nombre de 0-prefuntor), cada 2-celda es una relación entre dos 0-prefuntores (y recibe por lo tanto el nombre de 0-pre-transformación natural), y cada 3-celda es una relación entre dos 0-pre-transformaciones naturales (y recibe por lo tanto un nombre especial).

4.3.2 Definición (0-pre-modificación)**.** Una *0-pre-modificación* ρ es un morfismo entre dos 0-pre-transformaciones naturales α y β, es decir, tipo(ρ) = $\langle \alpha, \beta \rangle$.

4.3.3 Ejemplo. El siguiente diagrama muestra una (3,0)-gráfica.

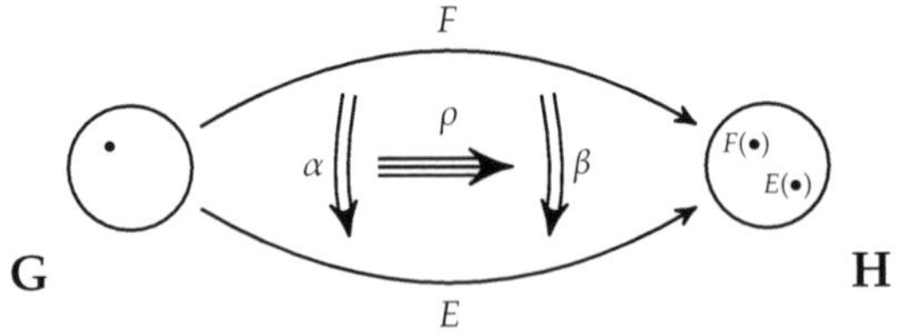

en la cual **G** y **H** son 0-gráficas, F y E son 0-prefuntores, α y β son 0-pre-transformaciones naturales y finalmente ρ es una 0-pre-modificación.

Al no haber una definición tanto de α como de β en términos de mapeos, no es posible dar una definición de ρ en esos términos.

4.3.4 Definición ((3,1)-gráfica). Una *(3,1)-gráfica* $\mathbf{G}$ es una 3-gráfica en la cual cada 0-celda es una 1-gráfica. Como es costumbre, el primer índice ($3 \in \mathbb{N}$) indica la estructura externa de $\mathbf{G}$, mientras que el segundo ($1 \in \mathbf{G}$) indica la estructura interna de cada 0-celda.

Ahora, en una (3,1)-gráfica, cada 0-celda es una 1-gráfica, cada 1-celda es una relación entre dos 1-gráficas (y recibe el nombre de 1-prefuntor), cada 2-celda es una relación entre dos 1-prefuntores (y recibe el nombre de 1-pre-transformación natural), y cada 3-celda es una relación entre dos 1-pre-transformaciones naturales (y recibe un nombre especial).

4.3.5 Definición (1-pre-modificación). Una *1-pre-modificación* ρ es un morfismo entre dos 1-pre-transformaciones naturales α y β ($\text{tipo}(\rho) = \langle \alpha, \beta \rangle$)

4.3.6 Ejemplo. Una (3,1)-gráfica

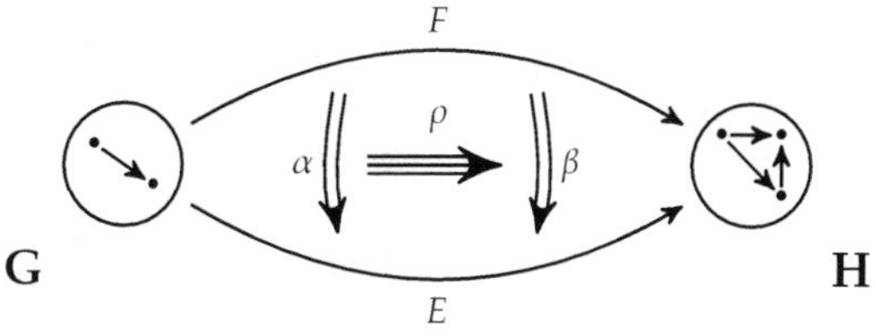

En una (3,1)-gráfica $\mathbf{G}$, cada 2-celda es una 1-pre-transformación natural. Sean α y β dos 1-pre-transformaciones naturales tales que $\text{tipo}(\alpha) = \text{tipo}(\beta) = \langle F, E \rangle$ y $\text{tipo}(F) = \text{tipo}(E) = \langle \mathbf{G}, \mathbf{H} \rangle$. Para cada 0-celda $a \in \mathbf{G}_0$, $\alpha(a)$ y $\beta(a)$ son 1-celdas en $\mathbf{H}_1$. Note como no es posible definir una 1-pre-modificación (una relación entre dos 1-pre-transformaciones naturales) en términos de un mapeo o un conjunto de mapeos ya que, al ser $\mathbf{H}$ una 1-gráfica, no hay relación alguna entre las 1-celdas $\alpha(a)$ y $\beta(a)$.

4.3.7 Definición ((3,2)-gráfica). Una *(3,2)-gráfica* $\mathbf{G}$ es una 3-gráfica en la cual cada 0-celda es una 2-gráfica. El primer índice ($3 \in \mathbb{N}$) indica la estructura externa de $\mathbf{G}$, mientras que el segundo ($2 \in \mathbf{G}$) indica la estructura interna de cada 0-celda.

4.3.8 Definición (2-pre-modificación). Una *2-pre-modificación* es un morfismo entre dos 2-pre-transformaciones naturales, y se define formalmente de la siguiente manera.

Sean $\mathbf{G}$ y $\mathbf{H}$ dos 2-gráficas, sean F y E dos 2-prefuntores entre dichas 2-gráficas ($\text{tipo}(F) = \text{tipo}(E) = \langle \mathbf{G}, \mathbf{H} \rangle$) y sean α y β dos 2-pre-transformaciones naturales entre dichos 2-prefuntores (tipo(α) = tipo(β) = $\langle F, E\rangle$). Una 2-pre-modificación ρ entre α y β (tipo(ρ) = $\langle \alpha, \beta\rangle$) se define como un mapeo

$$\rho : \mathbf{G}_0 \to \mathbf{H}_2$$

que asigna a cada 0-celda $a \in \mathbf{G}_0$ una 2-celda $\rho(a) \in \mathbf{H}_2$, como se muestra en el diagrama conmutativo de la de la figura 4.11.

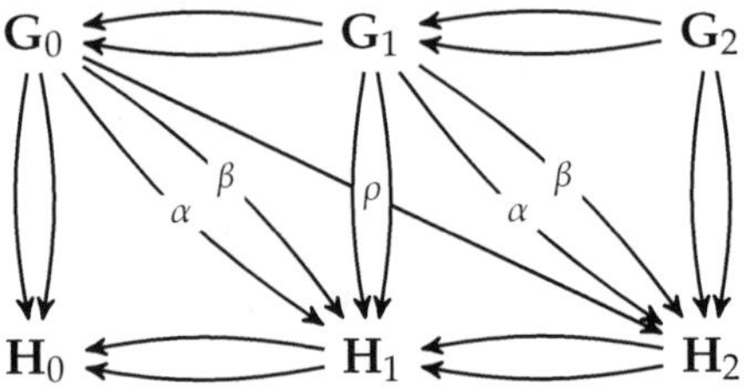

Figura 4.11: Diagrama conmutativo de una 2-pre-modificación.

La 2-celda $\rho(a)$ debe cumplir la siguiente propiedad:

$$\text{tipo}(\rho(a)) = \langle \alpha(a), \beta(a)\rangle$$

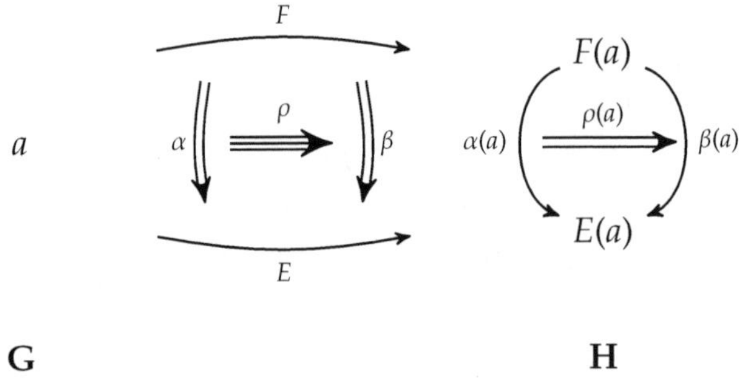

En general, dada una 3-gráfica, cada 0-celda de esta gráfica puede ser una n-gráfica. Estas estructuras reciben el nombre de $(3, n)$-gráficas.

4.3.9 Definición ($(3, n)$-gráfica). Una $(3, n)$-*gráfica* **G** es una 3-gráfica en la cual cada 0-celda es una n-gráfica. El primer índice ($3 \in \mathbb{N}$) indica la estructura externa de **G**, mientras que el segundo ($n \in \mathbf{G}$) indica la estructura interna de cada 0-celda.

Así como en una (3,2)-gráfica cada 3-celda recibe el nombre de 2-pre-modificación, en una $(3, n)$-gráfica cada 3-celda recibe el nombre de

n-pre-modificación. Esta n-pre-modificación es una relación entre dos n-pre-transformaciones naturales, las cuales a su vez son relaciones entre dos n-prefuntores, los cuales son a su vez relaciones entre dos n-gráficas.

La definición formal de una n-pre-modificación se obtiene a partir de las definiciones anteriores. Por ejemplo, una 3-pre-modificación ρ es una relación entre dos 3-pre-transformaciones naturales α y β, donde tipo(α) = tipo$(\beta) = \langle F, E\rangle$ para dos 3-prefuntores que van de la 3-gráfica $\mathbf{G}$ a la 3-gráfica $\mathbf{H}$. Esta 3-pre-modificación se define como dos mapeos

$$\rho_0 : \mathbf{G}_0 \to \mathbf{H}_2 \qquad \text{y} \qquad \rho_1 : \mathbf{G}_1 \to \mathbf{H}_3$$

como se puede ver en la figura 4.12.

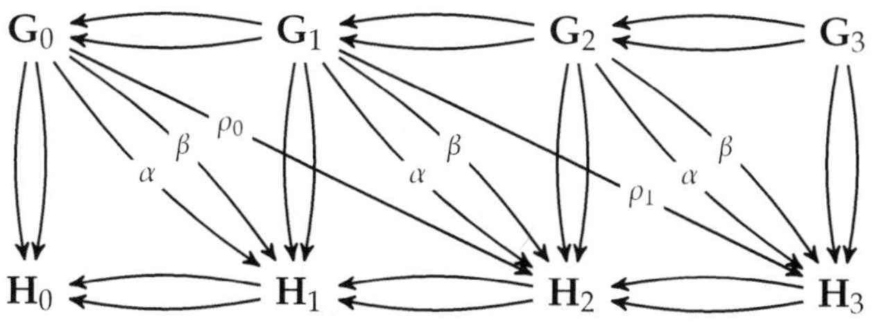

Figura 4.12: Diagrama conmutativo de una 3-pre-modificación.

Estos mapeos son tales que, para $a \in \mathbf{G}_0$ y $f \in \mathbf{G}_1$:

$$\text{tipo}(\rho_0(a)) = \langle \alpha(a), \beta(a)\rangle \qquad \text{y} \qquad \text{tipo}(\rho_1(f)) = \langle \alpha(f), \beta(f)\rangle$$

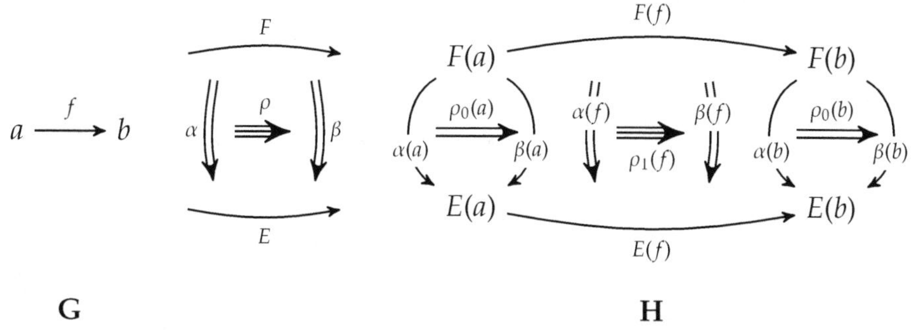

La generalización de lo anterior, una n-pre-modificación se define formalmente a continuación.

4.3.10 Definición (n-pre-modificación). Sean $\mathbf{G}$ y $\mathbf{H}$ dos n-gráficas, sean F y E dos n-prefuntores entre dichas n-gráficas (tipo(F) = tipo(E) = $\langle \mathbf{G}, \mathbf{H} \rangle$) y sean α y β dos 2-pre-transformaciones naturales entre dichos n-prefuntores (tipo(α) = tipo(β) = $\langle F, E \rangle$). Una n-pre-modificación ρ entre α y β (tipo(ρ) = $\langle \alpha, \beta \rangle$) se define como una colección de $n-1$ mapeos

$$\rho_i : \mathbf{G}_i \to \mathbf{H}_{i+2} \qquad 0 \leq i \leq n-2$$

como se muestra en el diagrama conmutativo de la figura 4.13.

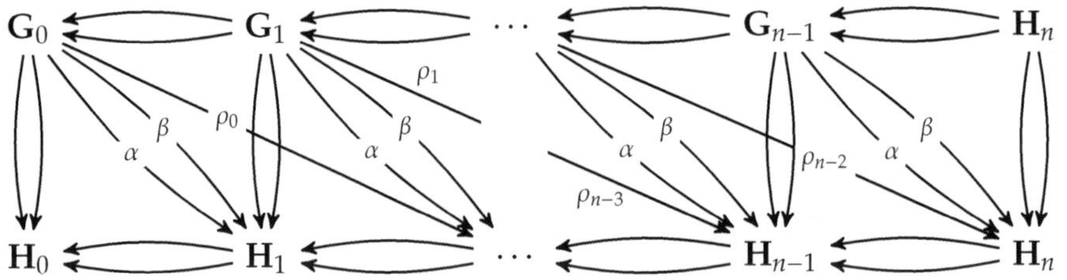

Figura 4.13: Diagrama conmutativo de una n-pre-modificación.

Estos $n-1$ mapeos deben de cumplir la siguiente propiedad:

$$\text{tipo}(\rho_i(a)) = \langle \alpha(a), \beta(a) \rangle \qquad 0 \leq i \leq n-2$$

4.4. (n_1, n_2)-gráfica

Si tenemos una n_1-gráfica, sus 0-celdas pueden ser en general una n_2-gráfica.

4.4.1 Definición ((n_1, n_2)-gráfica). Una (n_1, n_2)-*gráfica* $\mathbf{G}$ es una n_1-gráfica en la cual cada 0-celda es una n_2-gráfica. El primer índice ($n_1 \in \mathbb{N}$) indica la estructura externa de $\mathbf{G}$, mientras que el segundo ($n_2 \in \mathbf{G}$) indica la estructura interna de cada 0-celda.

Como lo hemos mencionado, cuando las 0-celdas de una n_1-gráfica pasan de ser objetos abstractos a ser objetos específicos, las relaciones que existen entre ellos (y por consiguiente, las relaciones que existen entre estas relaciones, etc.) pasan de ser relaciones abstractas y se vuelven relaciones específicas.

Consideremos una (n_1, n_2)-gráfica. Si $n_1 = 0$, entonces tenemos simplemente una colección de n_2-gráficas. Si $n_1 = 1$, entonces tenemos una 1-gráfica en la cual cada 0-celda es una n_2-gráfica y cada 1-celda, que es una relación entre dos n_2-gráficas, recibe el nombre de n_2-prefuntor. Si $n_1 = 2$, entonces tenemos una 2-gráfica en la cual cada 0-celda es una n_2-gráfica, cada 1-celda es un n_2-prefuntor y cada 2-celda, que es una relación entre dos n_2-prefuntores, recibe el nombre de n_2-pre-transformación natural. Si $n_1 = 3$, entonces tenemos una 3-gráfica en la cual cada 0-celda es una n_2-gráfica, cada 1-celda es un n_2-prefuntor, cada 2-celda es una n_2-pre-transformación natural y cada 3-celda, que es una relación entre dos n_2-pre-transformaciones naturales, recibe el nombre de n_2-pre-modificación. En los casos en los cuales $n_1 > 3$, las definiciones pueden ser extendidas fácilmente.

4.4.2 Definición (Número de escala de una (n_1, n_2)-gráfica). Se dice que el *número de escala* de una (n_1, n_2)-gráfica es *dos*, ya que cada (n_1, n_2)-gráfica está dada en términos de dos números naturales: n_1 y n_2.

4.5. $(n_1, \ldots, n_k)$-gráfica

La generalización total de los conceptos que hemos presentado hasta ahora se presenta a continuación.

4.5.1 Definición ($(n_1, \ldots, n_k)$-gráfica). Sean $n_1, \ldots, n_k$ números naturales. Una *$(n_1, \ldots, n_k)$-gráfica* **G**, para $k = 1$, es simplemente una n-gráfica (ver definición 2.3.1). Para $k \geq 2$, una *$(n_1, \ldots, n_k)$-gráfica* **G** se define recursivamente como una n_1-gráfica en la cual cada 0-celda es una $(n_2, \ldots, n_k)$-gráfica. El primer índice ($n_1 \in \mathbb{N}$) indica la complejidad de la estructura externa de **G** mientras que los índices restantes ($n_2, \ldots, n_k \in \mathbb{N}$) indican la complejidad de la estructura interna de cada 0-celda.

4.5.2 Definición (Número de escala de una $(n_1, \ldots, n_k)$-gráfica). Se dice que el *número de escala* de una $(n_1, \ldots, n_k)$-gráfica es k, ya que cada $(n_1, \ldots, n_k)$-gráfica está dada en término de k números naturales: $n_1, \ldots, n_k$.

Tome una $(n_1, \ldots, n_k)$-gráfica. Si $n_1 = 0$ entonces tenemos simplemente una colección de $(n_2, \ldots, n_k)$-gráficas. Si $n_1 = 1$, entonces tenemos una 1-gráfica en la cual cada 0-celda es una $(n_2, \ldots, n_k)$-gráfica; a cada 1-celda, que es una relación entre dos $(n_2, \ldots, n_k)$-gráficas, se le conoce como $(n_2, \ldots, n_k)$-*prefuntor*. Si $n_1 = 2$, entonces tenemos una 2-gráfica en la cual cada 0-celda es una $(n_2, \ldots, n_k)$-gráfica, cada 1-celda es un $(n_2, \ldots, n_k)$-prefuntor y a cada 2-celda, que es una relación entre dos $(n_2, \ldots, n_k)$-prefuntores, se le conoce como $(n_2, \ldots, n_k)$-*pre-transformación natural*. Si $n_1 = 3$, entonces tenemos una 3-gráfica en la cual cada 0-celda es una $(n_2, \ldots, n_k)$-gráfica, cada 1-celda es un $(n_2, \ldots, n_k)$-prefuntor, cada 2-celda es una $(n_2, \ldots, n_k)$-pre-transformación natural y a cada 3-celda, que es una relación entre dos $(n_2, \ldots, n_k)$-pre-transformaciones naturales, se le conoce como $(n_2, \ldots, n_k)$-*pre-modificación*.

Esta terminilogía puede ser extendida tanto como sea necesario. En las tablas 4.1 y 4.2 mostramos un resumen de la terminología utilizada para una $(n_1, \ldots, n_k)$-gráfica.

Si	**entonces G es una**
$n_1 = 0$	colección de $(n_2, \ldots, n_k)$-gráficas
$n_1 = 1$	gráfica de $(n_2, \ldots, n_k)$-gráficas
$n_1 \geq 2$	multigráfica de $(n_2, \ldots, n_k)$-gráficas

Cuadro 4.1: Terminología para una $(n_1, n_2, \ldots)$-gráfica $\mathbf{G}$.

Cada	**es un(a)**
0-celda $a \in \mathbf{G}_0$	$(n_2, \ldots, n_k)$-gráfica
Si $n_1 \geq 1$	
1-celda $f \in \mathbf{G}_1$	$(n_2, \ldots, n_k)$-prefuntor
Si $n_1 \geq 2$	
2-celda $\alpha \in \mathbf{G}_2$	$(n_2, \ldots, n_k)$-pre-transformación natural
Si $n_1 \geq 3$	
3-celda $\rho \in \mathbf{G}_3$	$(n_2, \ldots, n_k)$-pre-modificación
Si $n_1 \geq 4$	
4-celda $\tau \in \mathbf{G}_4$	$(n_2, \ldots, n_k)$-pre$\cdots$
$\vdots$	$\vdots$

Cuadro 4.2: Terminología para celdas en una $(n_1, n_2, \ldots)$-gráfica $\mathbf{G}$.

4.6. Notas

Capítulo 5

Multigráfica reflexiva

Considere una 1-gráfica. Si pensamos en cada 0-celda como un objeto y en cada 1-celda como un proceso que nos lleva de un objeto a otro, entonces para todo objeto (0-celda) a podemos definir un proceso (1-celda) 'vacío' que nos lleva de a a a. Por ejemplo, la siguiente 1-gráfica $\mathbf{G}$

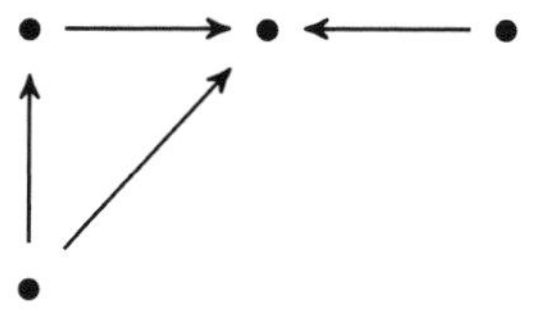

puede ser vista como

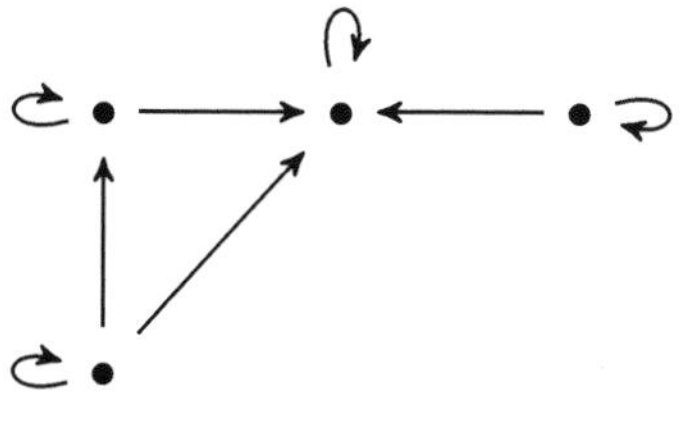

Formalmente, lo que hacemos es lo siguiente. Sea $\mathbf{G}$ una 1-gráfica. Por cada 0-celda $a \in \mathbf{G}_0$ agregamos una 1-celda, denotada como i_a, cuyo origen y destino son la misma a. En otras palabras, la 1-celda i_a satisface la siguiente condición:

$$\mathrm{tipo}(\mathrm{i}_a) = \langle a, a \rangle$$

Supongamos ahora que tenemos una 2-gráfica. Además de objetos (i.e., 0-celdas) y procesos entre objetos (i.e., 1-celdas), ahora tenemos procesos entre procesos (i.e., 2-celdas). Y así como existen procesos entre objetos cuyo origen y destino son el mismo objeto, también podemos encontrar procesos entre procesos cuyo origen y destino coinciden. En otras palabras, si **G** es una 2-gráfica, entonces por cada 1-celda f en $\mathbf{G}_1$ podemos encontrar una 2-celda cuyo origen y destino es la misma f. En otras palabras, a cada 1-celda f le corresponde una 2-celda denotada como i_f que satisface la siguiente condición:

$$\mathrm{tipo}(\mathrm{i}_f) = \langle f, f \rangle$$

Si el diagrama anterior es entendido como una 2-gráfica (en la cual el conjunto de 2-celdas es el conjunto vacío), entonces al asumir la existencia de estas celdas i. el diagrama se vuelve el siguiente:

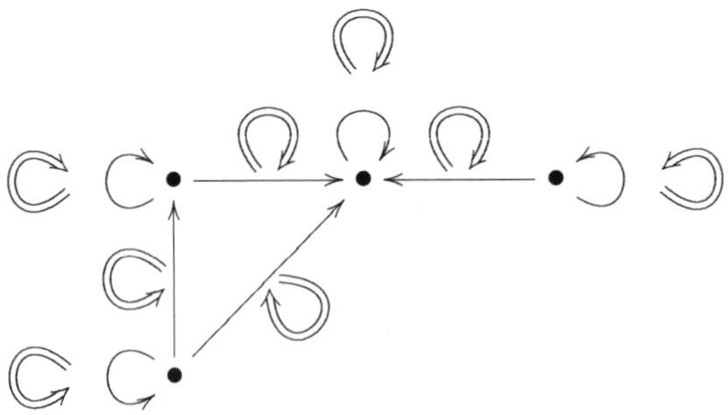

Aún mas, por cada 2-celda α podemos agregar una 3-celda i_α de tal forma que

$$\mathrm{tipo}(\mathrm{i}_\alpha) = \langle \alpha, \alpha \rangle$$

y continuar agregando procesos cuyo origen y destino son los mismos hasta donde sea necesario.

Recordemos que, en una 1-gráfica **G**, la colección de 1-celdas $\mathbf{G}_1$ define una relación entre las 0-celdas en $\mathbf{G}_0$. El agregar una 1-celda de tipo $\langle a, a \rangle$ por cada 0-celda a se reduce a suponer que esta relación es una relación reflexiva. De la misma forma, el agregar una 2-celda de tipo $\langle f, f \rangle$ por cada 1-celda f se reduce a suponer la relación entre 1-celdas definida por $\mathbf{G}_2$ es una también una relación reflexiva.

En general, una n-gráfica en la cual suponemos que por cada i-celda η existe una $i+1$-celda de tipo $\langle \eta, \eta \rangle$, es llamada n-gráfica reflexiva. Este tipo de gráficas son el objeto de estudio del presente capítulo.

5.1. n-gráfica reflexiva

Empezaremos definiendo el concepto de gráfica reflexiva, y para ello definiremos primero las siguientes funciones.

5.1.1 Definición (Duplicación). Sea $\mathbf{G} = \{\mathbf{G}_0 \leftleftarrows \ldots \leftleftarrows \mathbf{G}_n\}$ una n-gráfica. La función $\text{duplicacion}_i : \mathbf{G}_i \to (\mathbf{G}_i \times \mathbf{G}_i)$ $(i = 0, \ldots, n)$ se define, para toda i-celda $\eta \in \mathbf{G}_i$, como

$$\text{duplicacion}_i(\eta) = \langle \eta, \eta \rangle$$

5.1.2 Definición (Inserción). Sea $\mathbf{G} = \{\mathbf{G}_0 \leftleftarrows \ldots \leftleftarrows \mathbf{G}_n\}$ una n-gráfica. La función $\text{insercion}_i : \mathbf{G}_i \to \mathbf{G}_{i+1}$ $(i = 0, \ldots, n-1)$ asigna a cada i-celda en $\mathbf{G}_i$ una $i+1$-celda en $\mathbf{G}_{i+1}$ de tal forma que

$$\text{insercion}_i \circ \text{tipo}_{i+1} = \text{duplicacion}_i$$

como se muestra en el diagrama conmutativo de la figura 5.1.

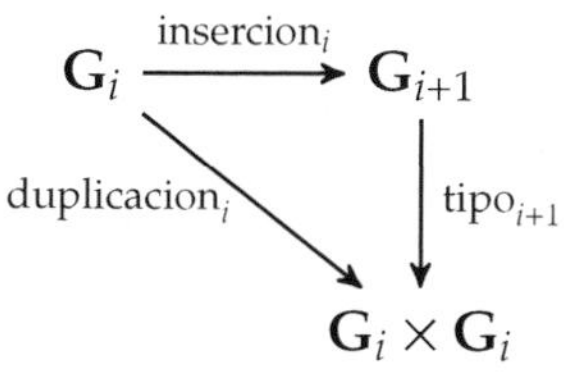

Figura 5.1: Diagrama conmutativo de la función insercion_i.

En otras palabras, para cada i-celda $\eta \in \mathbf{G}_i$

$$\text{tipo}(\text{insercion}(\eta)) = \text{duplicacion}(\eta)$$

5.1.3 Definición (Gráfica reflexiva). Una *gráfica reflexiva* es una n-gráfica $\mathbf{G}$ en la cual, además de la colección de mapeos origen_i y destino_i, tenemos una colección de mapeos insercion_i. Una gráfica reflexiva será denotada como $\mathbf{G} = \{\mathbf{G}_0 \underset{\leftarrow}{\leftrightarrows} \mathbf{G}_1 \underset{\leftarrow}{\leftrightarrows} \ldots\}$, y para cada i-celda $\eta \in \mathbf{G}_i$, la $(i+1)$-celda $\text{insercion}(\eta) \in \mathbf{G}_{i+1}$ será abreviada como i_η.

En una gráfica reflexiva, para toda i-celda $\eta \in \mathbf{G}_i$

$$\text{tipo}(\text{insercion}(\eta)) = \text{duplicacion}(\eta)$$

por lo que

$$\text{tipo}(\text{insercion}(\eta)) = \langle \eta, \eta \rangle$$

Note como en cada colección $\mathbf{G}_{i+1}$ siempre hay al menos tantos elementos como en $\mathbf{G}_i$: por cada $\eta \in \mathbf{G}_i$ hay un $\mathrm{i}_\eta \in \mathbf{G}_{i+1}$. Sin embargo, siempre pueden existir otras $(i+1)$-celdas cuyo origen y destino no sea la misma i-celda. Por lo tanto:

$$|\mathbf{G}_i| \leq |\mathbf{G}_{i+1}|$$

Una gráfica reflexiva **G** puede ser vista entonces como una gráfica anidada, es decir, una gráfica en la cual $\mathbf{G}_0 \subseteq \mathbf{G}_1 \subseteq \mathbf{G}_2 \cdots$.

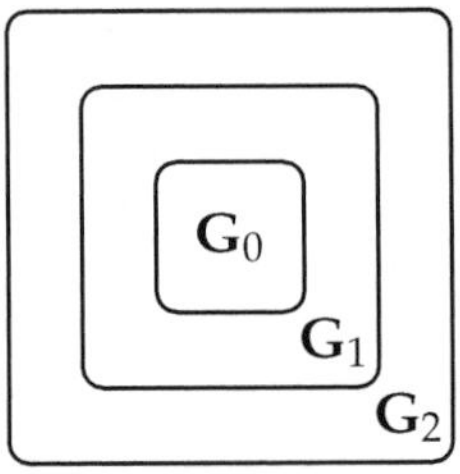

Aunque una gráfica reflexiva es definida como una n-gráfica, es decir, una estructura formada por $(n+1)$ colecciones $\mathbf{G}_0, \ldots \mathbf{G}_n$, la cantidad de colecciones que forman una gráfica reflexiva puede ser infinita. En efecto, si existe al menos una 0-celda $a \in \mathbf{G}_0$ ($\mathbf{G}_0 \neq \emptyset$), existe entonces la 1-celda i_a ($\mathbf{G}_1 \neq \emptyset$). Como existe $\mathrm{i}_a \in \mathbf{G}_1$, entonces existe la 2-celda $\mathrm{i}_{\mathrm{i}_a}$ ($\mathbf{G}_2 \neq \emptyset$). Al existir $\mathrm{i}_{\mathrm{i}_a} \in \mathbf{G}_2$, existe entonces la 3-celda $\mathrm{i}_{\mathrm{i}_{\mathrm{i}_a}}$ ($\mathbf{G}_3 \neq \emptyset$), y así sucesivamente. Definamos, entonces, que entenderemos por una n-gráfica reflexiva.

5.1.4 Definición (n-gráfica reflexiva)**.** Sea **G** una gráfica reflexiva. Decimos que **G** es una *n-gráfica reflexiva* si $n \in \mathbb{N}$ es tal que

$$|\mathbf{G}_0| < \cdots < |\mathbf{G}_{n-1}| < |\mathbf{G}_n| = |\mathbf{G}_{n+1}| = \cdots$$

En otras palabras, **G** es una *n-gráfica reflexiva* si n es el menor número natural tal que

$$|\mathbf{G}_n| = |\mathbf{G}_m|$$

para todo m mayor que n.

Una n-gráfica reflexiva es denotada por $\mathbf{G} = \{\mathbf{G}_0 \leftrightarrows \cdots \leftrightarrows \mathbf{G}_n\}$.

5.1.5 Ejemplo. El siguiente diagrama muestra una gráfica reflexiva **G**

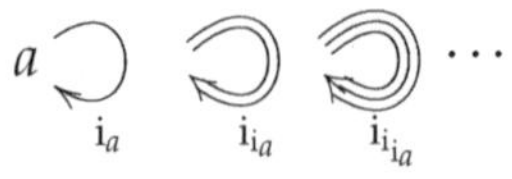

en la cual

$$\mathbf{G}_0 = \{a\}, \quad \mathbf{G}_1 = \{\mathrm{i}_a\}, \quad \mathbf{G}_2 = \{\mathrm{i}_{\mathrm{i}_a}\}, \quad \mathbf{G}_3 = \{\mathrm{i}_{\mathrm{i}_{\mathrm{i}_a}}\}, \quad \ldots$$

La gráfica reflexiva **G** es una 0-gráfica reflexiva, ya que

$$|\mathbf{G}_0| = |\mathbf{G}_1| = |\mathbf{G}_2| = |\mathbf{G}_3| = \cdots$$

5.1.6 Ejemplo. La siguiente gráfica reflexiva **H**

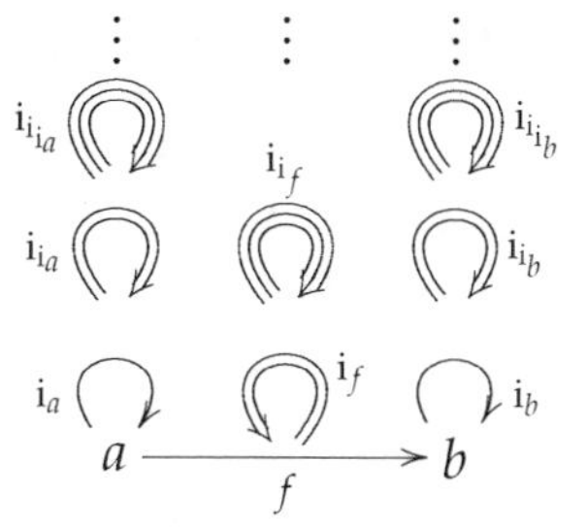

es una 1-gráfica reflexiva, ya que

$$\mathbf{H}_0 = \{a, b\}, \quad \mathbf{H}_1 = \{\mathrm{i}_a, \mathrm{i}_b, f\}, \quad \mathbf{H}_2 = \{\mathrm{i}_{\mathrm{i}_a}, \mathrm{i}_{\mathrm{i}_b}, \mathrm{i}_f\}, \quad \mathbf{H}_3 = \{\mathrm{i}_{\mathrm{i}_{\mathrm{i}_a}}, \mathrm{i}_{\mathrm{i}_{\mathrm{i}_b}}, \mathrm{i}_{\mathrm{i}_f}\}, \quad ...$$

$$|\mathbf{H}_0| < |\mathbf{H}_1| = |\mathbf{H}_2| = |\mathbf{H}_3| \cdots$$

En adelante, cuando ilustremos una n-gráfica reflexiva **G**, omitiremos las $(i+1)$-celdas i_f para toda i-celda f. Estas quedaran implícitas por ser **G** una gráfica reflexiva.

El concepto de $(n_1, \ldots, n_k)$-gráfica presentado anteriormente se puede extender fácilmente para gráficas reflexivas. Por ejemplo, una (1,0)-gráfica reflexiva no es mas que una 1-gráfica reflexiva **G** en la cual cada 0-celda en $\mathbf{G}_0$ es una 0-gráfica también reflexiva. De la misma forma, una (2,1)-gráfica reflexiva es una 2-gráfica reflexiva en la cual cada 0-celda es una 1-gráfica también reflexiva. En general tenemos lo siguiente.

5.1.7 Definición ($(n_1, n_2, \ldots, n_k)$-gráfica reflexiva)**.** Una *$(n_1, n_2, \ldots, n_k)$-gráfica reflexiva* **G** es una n_1-gráfica reflexiva en la cual cada 0-celda $a \in \mathbf{G}_0$ es una $(n_2, \ldots, n_k)$-gráfica reflexiva.

5.2. n-prefuntor reflexivo

En capítulos anteriores definimos el concepto de n-prefuntor como una relación entre dos n-gráficas. Por ejemplo, un 0-prefuntor es una relación entre dos 0-gráficas **G** y **H** definida como un mapeo F de $\mathbf{G}_0$ a $\mathbf{H}_0$. Por otro lado, un 1-prefuntor es una relación entre dos 1-gráficas **G** y **H** definida como dos mapeos F_0 y F_1: el primero de $\mathbf{G}_0$ a $\mathbf{H}_0$ y el segundo de $\mathbf{G}_1$ a $\mathbf{H}_1$.

En general, un n-prefuntor es una relación entre dos n-gráficas $\mathbf{G}$ y $\mathbf{H}$, que se define como $n+1$ mapeos F_i de $\mathbf{G}_i$ a $\mathbf{H}_i$ $(0 \leq i \leq n)$.

En esta sección definiremos una relación entre dos n-gráficas reflexivas. Esta relación, que lleva por nombre n-prefuntor reflexivo, es un n-prefuntor que, además, se comporta de forma especial sobre las $(i+1)$-celdas i_η.

Empecemos por el caso en el que $n = 0$.

5.2.1 Definición (0-prefuntor reflexivo)**.** Un *0-prefuntor reflexivo* es una relación entre dos 0-gráficas reflexivas. Mas formalmente, un 0-prefuntor reflexivo F entre las 0-gráficas reflexivas $\mathbf{G}$ y $\mathbf{H}$ es un 0-prefuntor (ver definición 3.1.6) que asigna a cada 0-celda $a \in \mathbf{G}_0$ una 0-celda $F(a) \in \mathbf{H}_0$.

Pasemos ahora al caso $n = 1$. Un 1-prefuntor reflexivo es una relación entre dos 1-gráficas reflexivas. Recordemos que una 1-gráfica reflexiva tiene 0-celdas, 1-celdas, y que para toda $i \geq 2$ las únicas $(i+1)$-celdas existentes son las $(i+1)$-celdas i_η para cada i-celda η. Por lo tanto, un 1-prefuntor reflexivo F entre dos 1-gráficas reflexivas $\mathbf{G}$ y $\mathbf{H}$ debe relacionar cada 0-celda $a \in \mathbf{G}_0$ con una 0-celda $F(a) \in \mathbf{H}_0$, y cada 1-celda $f \in \mathbf{G}_1$ con una 1-celda $F(f) \in \mathbf{H}_1$. Este 1-prefuntor se debe satisfacer una condición especial con respecto a su comportamiento con cada 1-celda i_a.

5.2.2 Definición (1-prefuntor reflexivo)**.** Sean $\mathbf{G}$ y $\mathbf{H}$ dos 1-gráficas reflexivas. Un *1-prefuntor (co-variante / contra-variante) reflexivo* F de $\mathbf{G}$ a $\mathbf{H}$ (tipo(F) $= \langle \mathbf{G}, \mathbf{H} \rangle$) es un 1-prefuntor (co-variante / contra-variante) (ver definición 3.2.4) en el cual, para toda $a \in \mathbf{G}_0$

$$\mathrm{i}_{F(a)} = F(\mathrm{i}_a)$$

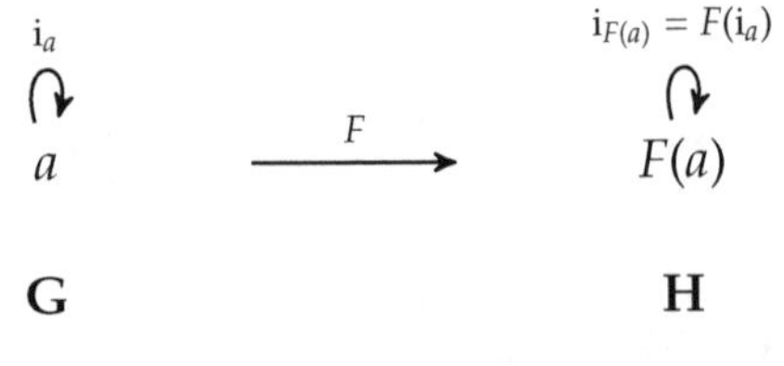

EL siguiente caso es $n = 2$. Sean $\mathbf{G}$ y $\mathbf{H}$ dos 2-gráficas reflexivas. Un 2-prefuntor reflexivo de $\mathbf{G}$ a $\mathbf{H}$ relaciona cada 0-celda $a \in \mathbf{G}_0$ con una 0-celda $F(a) \in \mathbf{H}_0$, cada 1-celda $f \in \mathbf{G}_1$ con una 1-celda $F(f) \in \mathbf{H}_1$ y cada 2-celda $\alpha \in \mathbf{G}_2$ con una 2-celda $F(\alpha) \in \mathbf{H}_2$. Este 2-prefuntor se comporta de manera especial con cada 1-celda i_a y con cada 2-celda i_f.

5.2.3 Definición (2-prefuntor reflexivo). Sean **G** y **H** dos 2-gráficas reflexivas. Un *2-prefuntor (co-co-variante / co-contra-variante / contra-co-variante / contra-contra-variante) reflexivo* F de **G** a **H** (tipo(F) = $\langle \mathbf{G}, \mathbf{H} \rangle$) es un 2-prefuntor (co-co-variante / co-contra-variante / contra-co-variante / contra-contra-variante) (ver definición 4.1.3) en el cual para toda $a \in \mathbf{G}_0$

$$\mathrm{i}_{F(a)} = F(\mathrm{i}_a)$$

y para toda $f \in \mathbf{G}_1$

$$\mathrm{i}_{F(f)} = F(\mathrm{i}_f)$$

¿Diagrama?

En el siguiente diagrama, F es un 2-prefuntor co-(co/contra)-variante de **G** a **H**

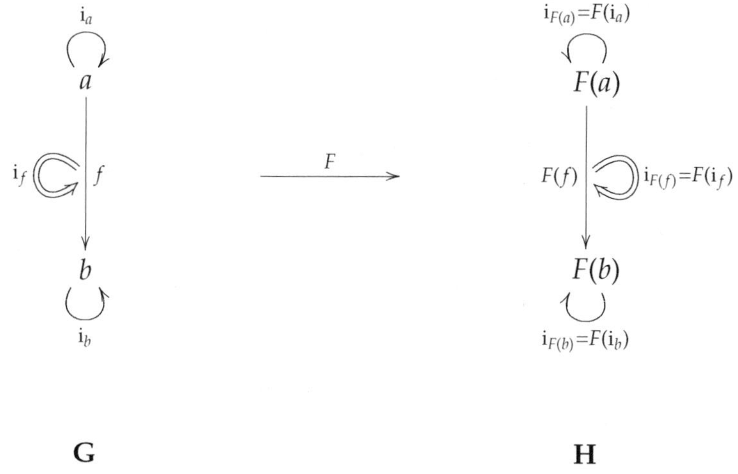

En general, un n-prefuntor reflexivo es una relación entre dos n-gráficas reflexivas que se comporta de manera especial con cada $(i+1)$-celda i_η.

5.2.4 Definición (n-prefuntor reflexivo). Sean **G** y **H** dos n-gráficas reflexivas. Un *n-prefuntor reflexivo* F de **G** a **H** (tipo(F) = $\langle \mathbf{G}, \mathbf{H} \rangle$) es un n-prefuntor (ver definición 4.1.10) en el cual para toda i-celda $\eta \in \mathbf{G}_i$ $(0 \leq i \leq n-1)$

$$\mathrm{i}_{F(\eta)} = F(\mathrm{i}_\eta)$$

5.3. n-pre-transformación natural reflexiva

De la misma forma en que un n-prefuntor reflexivo es una relación entre dos n-gráficas reflexivas, una n-pre-transformación natural reflexiva es una relación entre dos n-prefuntores reflexivos. Revisaremos uno por uno los casos hasta $n = 3$ antes de dar la definición general.

Recordemos que una 0-pre-transformación natural α entre dos 0-prefuntores F y E está definida de manera abstracta. Sean las 0-gráficas $\mathbf{G}$ y $\mathbf{H}$ el origen y destino de F y E, y sea $a \in \mathbf{G}_1$; al ser el destino de α una 0-gráficas, no existe relación alguna entre las 0-celdas $F(a)$ y $E(a)$ en $\mathbf{H}_0$.

5.3.1 Definición (0-pre-transformación natural reflexiva)**.** Una *0-pre-transformación natural reflexiva* se define de manera abstracta como una relación entre dos 0-prefuntores reflexivos.

Pasemos ahora al caso $n = 1$. De acuerdo a la definición 4.2.6, una 1-pre-transformación natural α entre dos 1-prefuntores F y E (tipo(F) = tipo(E) = $\langle \mathbf{G}, \mathbf{H} \rangle$) se define como un mapeo que, dada una 0-celda $a \in \mathbf{G}_0$, nos regresa una 1-celda $\alpha(a) \in \mathbf{H}_1$ tal que tipo$(\alpha(a)) = \langle F(a), E(a) \rangle$. Note como una 1-pre-transformación natural no actúa sobre 1-celdas, por lo que al momento de definir una 1-pre-transformación natural reflexiva, no es necesario imponer condiciones en la forma en que esta actúe sobre la 1-celda i_a para cada $a \in \mathbf{G}_0$. La definición de una 1-pre-transformación natural reflexiva es entonces similar a la de una 1-pre-transformación natural.

5.3.2 Definición (1-pre-transformación natural reflexiva)**.** Una *1-pre-transformación natural reflexiva* es una relación entre dos 1-prefuntores reflexivos.

Una *1-pre-transformación natural reflexiva* α entre dos 1-prefuntores F y E (tipo(F) = tipo(E) = $\langle \mathbf{G}, \mathbf{H} \rangle$) se define, al igual que una 1-pre-transformación natural (ver definición 4.2.6), como un mapeo

$$\alpha : \mathbf{G}_0 \to \mathbf{H}_1$$

que asigna a cada 0-celda $a \in \mathbf{G}_0$ una 1-celda $\alpha(a) \in \mathbf{H}_1$ tal que

$$\mathrm{tipo}(\alpha(a)) = \langle F(a), E(a) \rangle$$

El caso de una 2-pre-transformación natural cambia. Al ser definida como una relación entre dos 2-gráficas reflexivas, tenemos entonces dos mapeos; uno que dada una 0-celda en la 2-gráfica origen nos regresa una 1-celda en la 2-gráfica destino, y otro que dada una 1-celda en la 2-gráfica origen nos regresa una 2-celda en la 2-gráfica destino. Es precisamente sobre este último mapeo sobre el cual se imponen las restricciones respecto a las $(i + 1)$-celdas reflexivas.

5.3.3 Definición (2-pre-transformación natural reflexiva). Una *2-pre-transformación natural reflexiva* es una relación entre dos 2-prefuntores reflexivos.

Una *2-pre-transformación natural reflexiva* α entre dos 2-prefuntores F y E ($\text{tipo}(F) = \text{tipo}(E) = \langle \mathbf{G}, \mathbf{H} \rangle$) se define como una 2-pre-transformación natural (ver definición 4.2.9) tal que, para toda 0-celda $a \in \mathbf{G}_0$

$$\mathrm{i}_{\alpha(a)} = \alpha(\mathrm{i}_a)$$

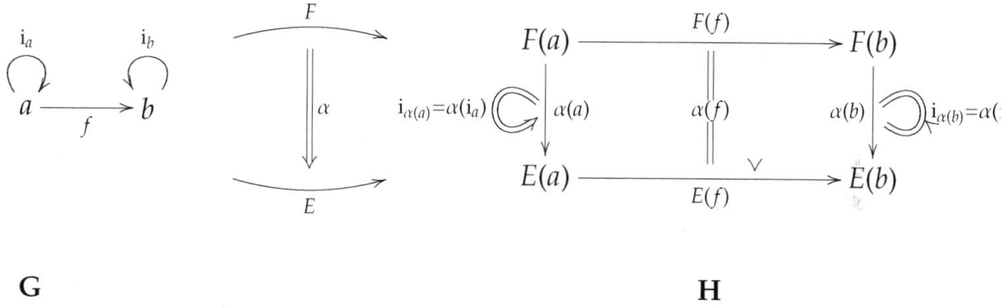

Una 3-pre-transformación natural, que es una relación entre dos 3-prefuntores, está definida como tres mapeos. La condición se impone ahora sobre los dos últimos.

5.3.4 Definición (3-pre-transformación natural reflexiva). Una *3-pre-transformación natural reflexiva* es una relación entre dos 3-prefuntores reflexivos.

Una *3-pre-transformación natural reflexiva* α entre dos 3-prefuntores F y E ($\text{tipo}(F) = \text{tipo}(E) = \langle \mathbf{G}, \mathbf{H} \rangle$) se define como una 3-pre-transformación natural (ver definición 4.2.11) tal que, para toda 0-celda $a \in \mathbf{G}_0$

$$\mathrm{i}_{\alpha(a)} = \alpha(\mathrm{i}_a)$$

y para toda $f \in \mathbf{G}_1$

$$\mathrm{i}_{\alpha(f)} = \alpha(\mathrm{i}_f)$$

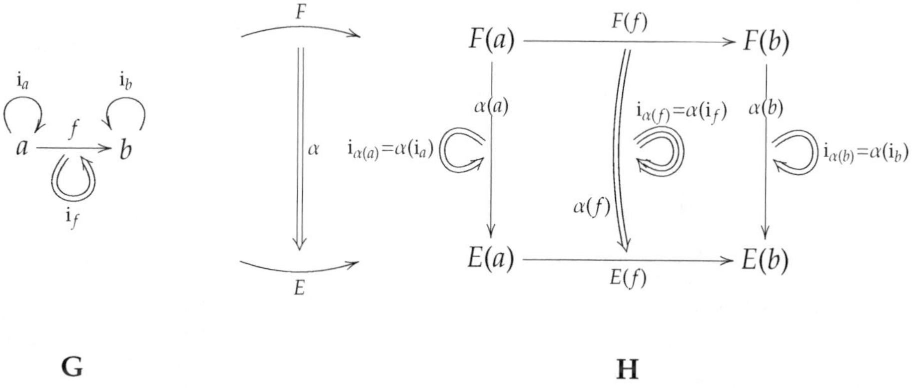

habiendo analizado los casos anteriores, ahora podemos dar la definición general. Una n-pre-transformación natural reflexiva se define de la siguiente manera.

5.3.5 Definición (n-pre-transformación natural reflexiva). Una *n-pre-transformación natural reflexiva* es una relación entre dos n-prefuntores reflexivos.

Una *n-pre-transformación natural reflexiva* α entre dos n-prefuntores F y E ($\text{tipo}(F) = \text{tipo}(E) = \langle \mathbf{G}, \mathbf{H} \rangle$) se define como una n-pre-transformación natural (ver definición 4.2.11) tal que, para toda i-celda $\eta \in \mathbf{G}_i$ $(0 \leq i \leq n-2)$

$$\alpha(\mathrm{i}_\eta) = \mathrm{i}_{\alpha(\eta)}$$

5.4. n-pre-modificación reflexiva

Tanto una 0-pre-modificación como una 1-pre-modificación son definidas tan solo como una relación abstracta entre dos 0-pre-transformaciones naturales y dos 1-pre-transformaciones naturales, respectivamente (ver definiciones 4.3.2 y 4.3.5). En cambio, una 2-pre-modificación, una relación entre dos 2-pre-transformaciones naturales, es definida como un mapeo que asigna a cada 0-celda de la 2-gráfica origen una 2-celda de la 2-gráfica destino (ver definición 4.3.8).

5.4.1 Definición (2-pre-modificación reflexiva). Una *2-pre-modificación reflexiva* es una relación entre dos 2-pre-transformaciones naturales reflexivas.

Una *2-pre-modificación reflexiva* ρ entre dos 2-pre-transformaciones naturales α y β ($\text{tipo}(\alpha) = \text{tipo}(\beta) = \langle F, E \rangle$ y $\text{tipo}(F) = \text{tipo}(E) = \langle \mathbf{G}, \mathbf{H} \rangle$) se define, al igual que una 2-pre-modificación (ver definición 4.3.8), como un mapeo

$$\rho : \mathbf{G}_0 \to \mathbf{H}_2$$

que asigna a cada 0-celda $a \in \mathbf{G}_0$ una 2-celda $\rho(a) \in \mathbf{H}_2$ tal que

$$\text{tipo}(\rho(a)) = \langle \alpha(a), \beta(a) \rangle$$

Una 3-pre-modificación reflexiva es una 3-pre-modificación que se comporta de manera especial con cada 0-celda i_a.

5.4.2 Definición (3-pre-modificación reflexiva). Una *3-pre-modificación reflexiva* es una relación entre dos 3-pre-transformaciones naturales reflexivas.

Una *3-pre-modificación reflexiva* ρ entre dos 3-pre-transformaciones naturales α y β ($\text{tipo}(\alpha) = \text{tipo}(\beta) = \langle F, E \rangle$ y $\text{tipo}(F) = \text{tipo}(E) = \langle \mathbf{G}, \mathbf{H} \rangle$) se define como una 3-pre-modificación (ver definición 4.3.10) tal que, para toda 0-celda $a \in \mathbf{G}_0$

$$\mathrm{i}_{\rho(a)} = \rho(\mathrm{i}_a)$$

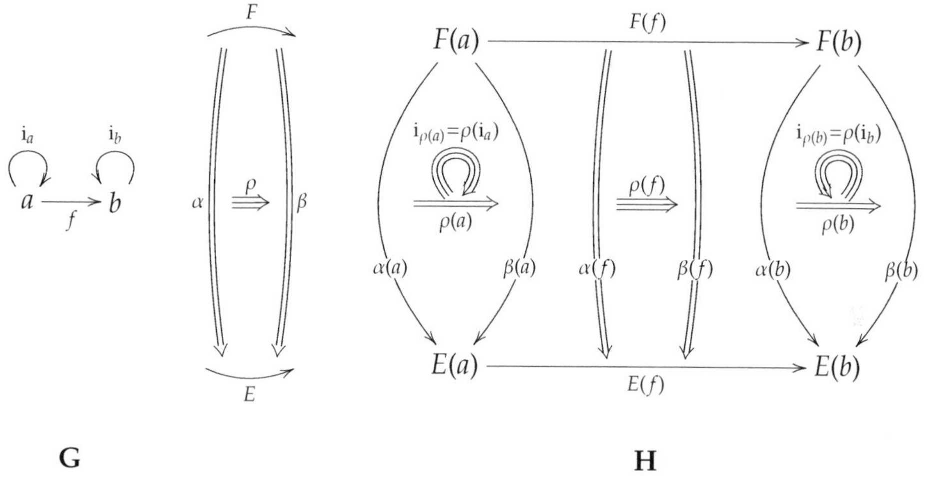

El caso general, una n-pre-modificación reflexiva, se define de la siguiente manera.

5.4.3 Definición (n-pre-modificación reflexiva)**.** Una *n-pre-modificación reflexiva* es una relación entre dos n-pre-transformaciones naturales reflexivas.

Una *n-pre-modificación reflexiva* ρ entre dos n-pre-transformaciones naturales α y β ($\text{tipo}(\alpha) = \text{tipo}(\beta) = \langle F, E \rangle$ y $\text{tipo}(F) = \text{tipo}(E) = \langle \mathbf{G}, \mathbf{H} \rangle$) se define como una n-pre-modificación (ver definición 4.3.10) tal que, para toda i-celda $\eta \in \mathbf{G}_i$ ($0 \leq i \leq n-3$)

$$\mathrm{i}_{\rho(\eta)} = \rho(\mathrm{i}_\eta)$$

5.5. Notas

Capítulo 6
Aillo de Gráficas

En el presente capítulo revisaremos que operaciones pueden realizarse entre n-gráficas.

6.1. Unión de 0-gráficas

¿Como podemos definir la unión de dos 0-gráficas (conjuntos) dentro de teoría de categorías?. Es decir, ¿como podemos definir la unión de dos 0-gráficas basándonos en las relaciones entre estas? Para empezar, consideremos 0-gráficas disjuntas. Sean **A** y **B** nuestras dos 0-gráficas, como se muestran en la figura 6.1.

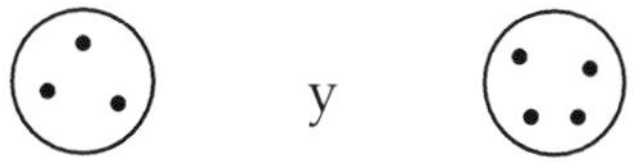

$\mathbf{A} = \{\mathbf{A}_0\}$ $\qquad$ $\mathbf{B} = \{\mathbf{B}_0\}$

Figura 6.1: Dos 0-gráficas.

Como una primera aproximación, una 0-gráfica **C** es la unión de **A** y **B** si existen dos homomorfismos f_1, f_2 que nos llevan de **A** a **C** y de **B** a **C**, es decir, si existe una manera de llevar los elementos de **A** a **C** y los elementos de **B** a **C**. Esta idea se muestra en la figura 6.2.

Pero, como se ve en la figura 6.3, hay mas de una 0-gráfica que cumple esta condición. De hecho, existe una infinidad de 0-gráficas a las cuales podemos mandar los elementos de **A** y de **B**.

Entonces, ¿Qué otra condición necesitamos para que obtengamos **C** y no **D** como resultado de la unión de **A** y **B**? Una observación mas cuidadosa

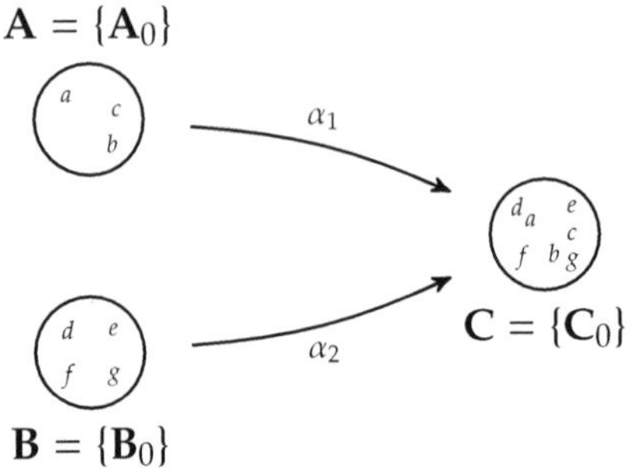

Figura 6.2: **C** es la unión de **A** y **B**.

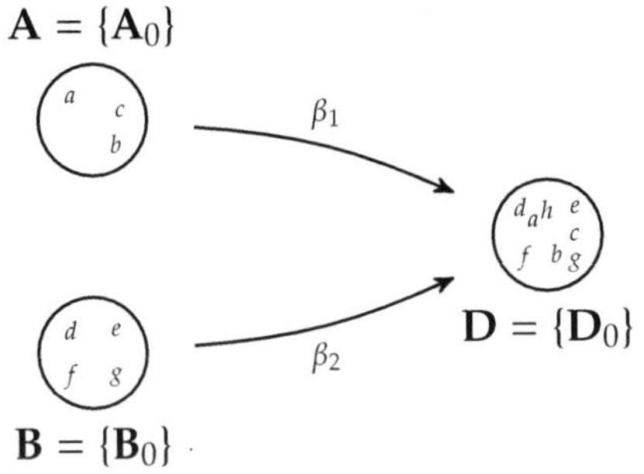

Figura 6.3: En **D** también podemos insertar los elementos de **A** y **B**.

nos permite notar que también podemos insertar los elementos de **C** dentro de **D**, como se ve en la figura 6.4.

De hecho, cualquier otra 0-gráfica **E** para la cual exista un homomorfismo g_1 de **A** a **E** y un homomorfismo g_2 de **B** a **E**, existe un homomorfismo h que va de **C** a **E**.

6.2. Co-producto de celdas

Definamos de manera formal las ideas de la sección anterior.

6.2.1 Definición (Co-producto de celdas). Sea $\mathbf{G} = \{\mathbf{G}_0 \leftleftarrows \ldots \leftleftarrows \mathbf{G}_n\}$ una n-gráfica. Una i-celda $s \in \mathbf{G_i}$ $(0 \leq i < n)$ es el *co-producto* (*la suma*) de las i-celdas $a_1, a_2 \in \mathbf{G_i}$ (representado como $s = a_1 + a_2$) si existen dos $(i+1)$-celdas $f_1, f_2 \in \mathbf{G_{i+1}}$ tales que

$$\text{tipo}(f_1) = \langle a_1, s\rangle \quad \text{y} \quad \text{tipo}(f_2) = \langle a_2, s\rangle$$

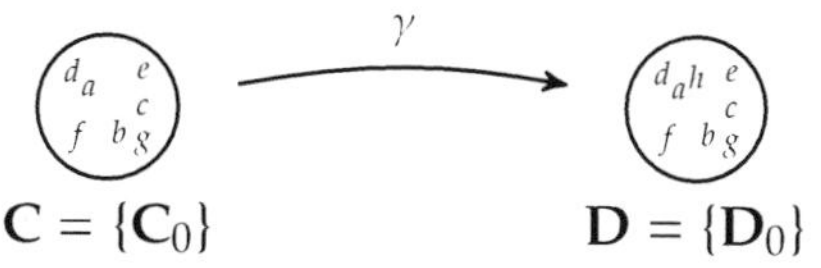

Figura 6.4: Podemos insertar **C** en **D**.

y además, si existen otra i-celda $t \in \mathbf{G_i}$ y otras dos $(i+1)$-celdas $g_1, g_2 \in \mathbf{G_{i+1}}$ tales que

$$\text{tipo}(g_1) = \langle a_1, t\rangle \qquad \text{y} \qquad \text{tipo}(a_2) = \langle b_2, t\rangle$$

entonces hay exactamente una 1-celda $h \in \mathbf{G_{i+1}}$ tal que

$$\text{tipo}(h) = \langle s, t\rangle$$

Esto se resume en la figura 6.5.

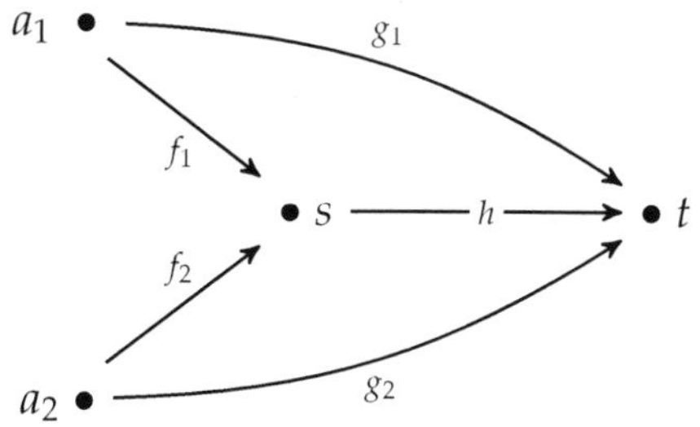

Figura 6.5: s es el co-producto (la suma) de a_1 y a_2.

6.3. Co-producto de gráficas

Daremos un ejemplo del concepto de co-producto. Para esto trabajaremos con gráficas reflexivas (ver capítulo 5). Ahora nuestros objetos (i.e., 0-celdas), los cuales eran abstractos hasta ahora, serán cada uno de ellos una n-gráfica reflexiva.

Antes de comenzar, recordemos el concepto de unión ($\cup$) y de unión disjunta ($\sqcup$).

6.3.1 Ejemplo. Si tenemos dos colecciones A yB tales que $A = \{a, b, c, d\}$ y $B = \{d, e, f, g\}$, entonces tenemos:

$$A \cup B = \{a, b, c, d, e, f, g\} \qquad A \sqcup B = \{a_A, b_A, c_A, d_A, d_B, e_B, f_B, g_B\}$$

Definamos ahora el co-producto entre dos gráficas.

6.3.2 Definición (Co-producto de Gráficas). Sean $\mathbf{G} = \{\mathbf{G}_0 \leftleftarrows \ldots \leftleftarrows \mathbf{G}_i\}$ y $\mathbf{H} = \{\mathbf{H}_0 \leftleftarrows \ldots \leftleftarrows \mathbf{H}_j\}$ dos n-gráficas tales que $i \leq j$. El *co-producto (suma)* de **G** y **H** es la gráfica

$$\mathbf{G} + \mathbf{H} = (\mathbf{G}_0 \sqcup \mathbf{H}_0) \leftleftarrows \ldots \leftleftarrows (\mathbf{G}_i \sqcup \mathbf{H}_i) \leftleftarrows \ldots \leftleftarrows (\mathbf{G}_j \sqcup \mathbf{H}_j)$$

Recordemos que **G** es una gráfica reflexiva, lo cual significa no que todo $\mathbf{G}_k$ con $k > i$ sea vacío, sino que solo tienen celdas triviales (identidades).

Las funciones origen y destino de **G+H** para una i-celda ρ ($i > 0$) se definen como:

$$\text{origen}_{\mathbf{G+H}}(\rho) = \begin{cases} \text{origen}_{\mathbf{G}}(\rho) & \text{si } \rho \in \mathbf{G_i} \\ \\ \text{origen}_{\mathbf{H}}(\rho) & \text{si } \rho \in \mathbf{H_i} \end{cases}$$

y

$$\text{destino}_{\mathbf{G+H}}(\rho) = \begin{cases} \text{destino}_{\mathbf{G}}(\rho) & \text{si } \rho \in \mathbf{G_i} \\ \\ \text{destino}_{\mathbf{H}}(\rho) & \text{si } \rho \in \mathbf{H_i} \end{cases}$$

Es claro que el co-producto es conmutativo, ya que la unión disjunta lo es.

6.3.3 Ejemplo. Sean **G** y **H** las siguientes gráficas:

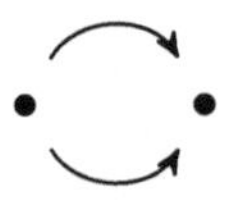

$\mathbf{G} = \{\mathbf{G}_0 \leftleftarrows \mathbf{G}_1\}$

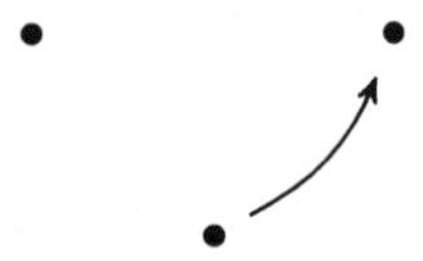

$\mathbf{H} = \{\mathbf{H}_0 \leftleftarrows \mathbf{H}_1\}$

Entonces:

$$\mathbf{G} + \mathbf{H} = (\mathbf{G}_0 \sqcup \mathbf{H}_0) \leftleftarrows (\mathbf{G}_1 \sqcup \mathbf{H}_1)$$

6.3.4 Definición. Sea $\mathbf{G}$ una n-gráfica y sea $i \in \mathbb{N}$. Entonces definimos la n-gráfica $i\mathbf{G}$ de la siguiente forma:

$$i\mathbf{G} := \underbrace{\mathbf{G} + \ldots + \mathbf{G}}_{\text{i-veces}}$$

La operación de co-producto también ha sido llamada suma. Una forma de demostrar que el nombre no es arbitrario es demostrar que las propiedades de la operación de co-producto entre n-gráficas coincide con las propiedades de la operación de suma entre números naturales. Mostraremos aquí, como ejemplo, la existencia del neutro aditivo.

En $\mathbb{N}$ el neutro aditivo es un número $a \in \mathbb{N}$ tal que para cualquier número $m \in \mathbb{N}$, $a + m = m + a = m$. Este número es denotado como 0. En las gráficas también existe el neutro aditivo, y se define de la siguiente manera.

6.3.5 Definición (Cero). Definimos la gráfica $\mathbf{0}$ como $\mathbf{0} = \{\mathbf{0}_0\}$ donde $\mathbf{0}_0 = \varnothing$, es decir la gráfica $\mathbf{0}$ no tiene 0-celdas. Note como, aunque $\mathbf{0}$ es una gráfica reflexiva, el hecho de que no existan 0-celdas implica que no puede haber 1-celdas (ni siquiera 1-celdas reflexivas), y por lo tanto tampoco puede haber 2-celdas, y así sucesivamente. En otras palabras, $\mathbf{0}_0 = \varnothing$ implica que $\mathbf{G}_i = \varnothing$ para toda $i > 0$.

6.3.6 Teorema. Para cualquier n-gráfica $\mathbf{G} = \{\mathbf{G}_0 \leftleftarrows \ldots \leftleftarrows \mathbf{G}_n\}$ se cumple $\mathbf{G} + \mathbf{0} = \mathbf{0} + \mathbf{G} = \mathbf{G}$.

Demostración. Claramente

$$\begin{aligned}
\mathbf{G} + \mathbf{0} &= (\mathbf{G}_0 \sqcup \mathbf{0}_0) \leftleftarrows \ldots \leftleftarrows \mathbf{G_n} \\
&= (\mathbf{G}_0 \sqcup \varnothing) \leftleftarrows \ldots \leftleftarrows \mathbf{G_n} \\
&= \mathbf{G}_0 \leftleftarrows \ldots \leftleftarrows \mathbf{G_n} \\
&= \mathbf{G}
\end{aligned}$$

Dado que el co-producto es conmutativo, $\mathbf{0} + \mathbf{G} = \mathbf{G} + \mathbf{0}$. □

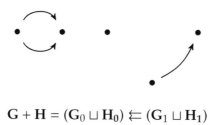

6.4. Producto cartesiano de 0-gráficas

Falta texto
Como se ve en la siguiente figura

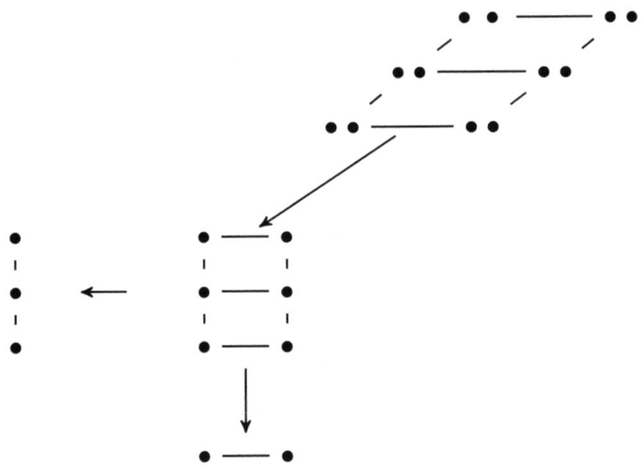

6.5. Producto de celdas

Así como hemos definido el co-producto (la suma) entre celdas, también podemos definir el producto entre ellas.

6.5.1 Definición (Producto de celdas). Sea $\mathbf{G} = \{\mathbf{G}_0 \leftleftarrows \ldots \leftleftarrows \mathbf{G}_n\}$ una n-gráfica. Una i-celda $p \in \mathbf{G_i}$ $(0 \leq i < n)$ es el *producto* de las i-celdas $a_1, a_2 \in \mathbf{G_i}$ (representado como $p = a_1 \times a_2$) si existen dos $(i+1)$-celdas $f_1, f_2 \in \mathbf{G_{i+1}}$ tales que

$$\text{tipo}(f_1) = \langle p, a_1 \rangle \qquad \text{y} \qquad \text{tipo}(f_2) = \langle p, a_2 \rangle$$

y además, si existe otra i-celda $o \in \mathbf{G_i}$ y otras dos $(i+1)$-celdas $g_1, g_2 \in \mathbf{G_{i+1}}$ tales que

$$\text{tipo}(g_1) = \langle q, a_1 \rangle \qquad \text{y} \qquad \text{tipo}(g_2) = \langle q, a_2 \rangle$$

entonces hay exactamente una 1-celda $h \in \mathbf{G_{i+1}}$ tal que

$$\text{tipo}(h) = \langle o, p \rangle$$

Esto se resume en la figura 6.6.

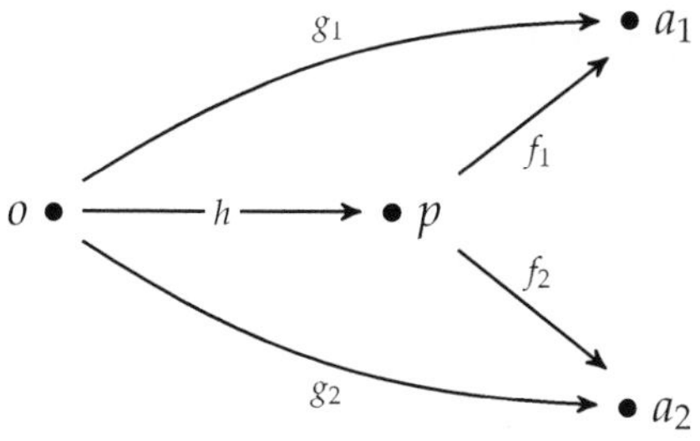

Figura 6.6: p es el producto de a_1 y a_2.

6.6. Producto de gráficas

Esta sección se basa en la Conferencia magistral de Francisco Marmolejo en Febrero de 2004 en FES-Cuautitlán (Marmolejo 2004). Como en la sección de co-producto de gráficas (6.3), trabajaremos con gráficas reflexivas.

6.6.1 Definición (Producto de Gráficas). Sean $\mathbf{G} = \{\mathbf{G}_0 \leftleftarrows \dots \leftleftarrows \mathbf{G}_i\}$ y $\mathbf{H} = \{\mathbf{H}_0 \leftleftarrows \dots \leftleftarrows \mathbf{H}_j\}$ dos n-gráficas tales que $i \leq j$. El *producto* de $\mathbf{G}$ y $\mathbf{H}$ es la gráfica

$$\mathbf{G} \times \mathbf{H} = (\mathbf{G}_0 \times \mathbf{H}_0) \leftleftarrows \dots \leftleftarrows (\mathbf{G}_\mathbf{i} \times \mathbf{H}_\mathbf{i})$$

La operación "$\times$" entre dos colecciones es el producto cartesiano. Aunque el símbolo para producto de gráficas y para producto cartesiano es el mismo, no hay confusión porque es obvio a cual nos referimos a partir del contexto.

Siguiendo la convención de la definición de co-producto, las funciones origen y destino de $\mathbf{G} \times \mathbf{H}$ para cada i-celda (ρ, ϱ) donde $\rho \in \mathbf{G}_\mathbf{i}$ y $\varrho \in \mathbf{H}_\mathbf{i}$ se definen como:

$$\text{origen}_{\mathbf{G}\times\mathbf{H}}(\rho, \varrho) = (\text{origen}_{\mathbf{G}}(\rho), \text{origen}_{\mathbf{H}}(\varrho))$$

y

$$\text{destino}_{\mathbf{G}\times\mathbf{H}}(\rho, \varrho) = (\text{destino}_{\mathbf{G}}(\rho), \text{destino}_{\mathbf{H}}(\varrho))$$

6.6.2 Ejemplo. Sean $\mathbf{P}$ y $\mathbf{F}$ las siguientes gráficas:

$$c \bullet \qquad\qquad a \bullet \xrightarrow{f} \bullet\, b$$

$$\mathbf{P} = \{\mathbf{P}_0\} \qquad\qquad \mathbf{F} = \{\mathbf{F}_0 \leftleftarrows \mathbf{F}_1\}$$

Entonces tenemos:

$\mathbf{P} + \mathbf{F}$

$\mathbf{P} \times \mathbf{F}$

Además:

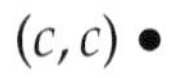

$\mathbf{P} \times \mathbf{P} = \mathbf{P}^2$

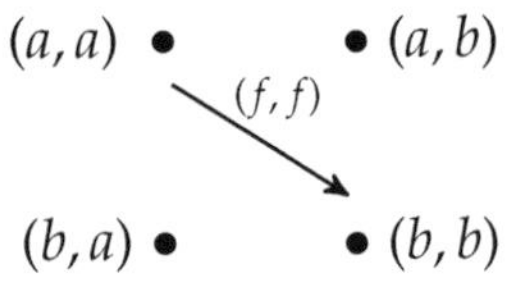

$\mathbf{F} \times \mathbf{F} = \mathbf{F}^2$

De manera similar al co-producto, para el producto de gráficas también tenemos un elemento neutro, esto es, una gráfica $\mathbf{G}$ tal que para toda gráfica $\mathbf{H}$ se cumple

$$\mathbf{G} \times \mathbf{H} = \mathbf{H} \times \mathbf{G} = \mathbf{H}$$

6.6.3 Definición (Uno). Definimos la gráfica $\mathbf{1}$ como $\mathbf{1} = \{\mathbf{1}_0\}$ donde $\mathbf{1}_0 = \{a\}$. Recordemos que estamos considerando gráficas reflexivas. Esto implica que para $i > 0$, $\mathbf{1}_i$ tiene una celda, la identidad.

$$\mathbf{1} = \{\mathbf{1}_0 \leftleftarrows \mathbf{1}_1\}$$

6.6.4 Teorema. Para cualquier n-gráfica $\mathbf{G} = \{\mathbf{G}_0 \leftleftarrows \ldots \leftleftarrows \mathbf{G}_n\}$ se cumple $\mathbf{G} \times \mathbf{1} = \mathbf{1} \times \mathbf{G} = \mathbf{G}$.

Demostración. Falta. □

Hemos definido las gráficas $\mathbf{0}$ y $\mathbf{1}$. También es posible definir gráficas que se comportan como el resto de los números naturales, como se muestra a continuación.

6.6.5 Definición (Dos). Definimos la gráfica $\mathbf{2}$ como $\mathbf{2} = \{\mathbf{2}_0\}$ donde $\mathbf{2}_0 = \{a, b\}$. De la misma forma que para $\mathbf{1}$, en $\mathbf{2}$ existe las 1-celda identidad (f con tipo(f) = $\langle a, a\rangle$ y g con tipo(g) = $\langle b, b\rangle$), las 2-celdas identidad (α con tipo(α) = $\langle f, f\rangle$ y β con tipo(β) = $\langle g, g\rangle$), etc.

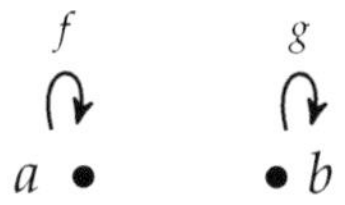

$$f \qquad g$$
$$\curvearrowright \qquad \curvearrowright$$
$$a \bullet \qquad \bullet\, b$$

$$2 = \{2_0 \Leftarrow 2_1\}$$

Nótese que de manera equivalente, también podemos definir **2** como $2 = 1 + 1$

6.6.6 Ejemplo. Sea la gráfica **F** como en el ejemplo 6.6.2, es decir,

$$a \bullet \xrightarrow{\ f\ } \bullet\, b$$

$$\mathbf{F} = \{\mathbf{F}_0 \Leftarrow \mathbf{F}_1\}$$

Renombrando las celdas de **F** tenemos

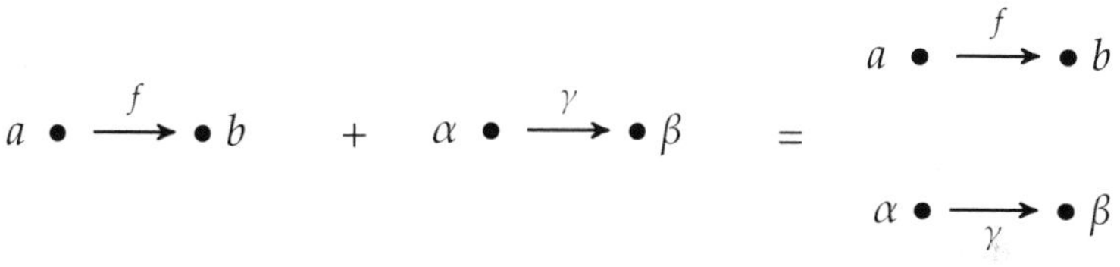

$$a \bullet \xrightarrow{\ f\ } \bullet\, b \quad + \quad \alpha \bullet \xrightarrow{\ \gamma\ } \bullet\, \beta \quad = \quad \begin{array}{c} a \bullet \xrightarrow{\ f\ } \bullet\, b \\[2mm] \alpha \bullet \xrightarrow[\gamma]{} \bullet\, \beta \end{array}$$

$$\mathbf{F} \qquad\qquad\qquad \mathbf{F} \qquad\qquad\qquad \mathbf{F} + \mathbf{F}$$

pero si tenemos $2 = \{2_0 \Leftarrow 2_1\}$ como en la definición 6.6.5, también tenemos

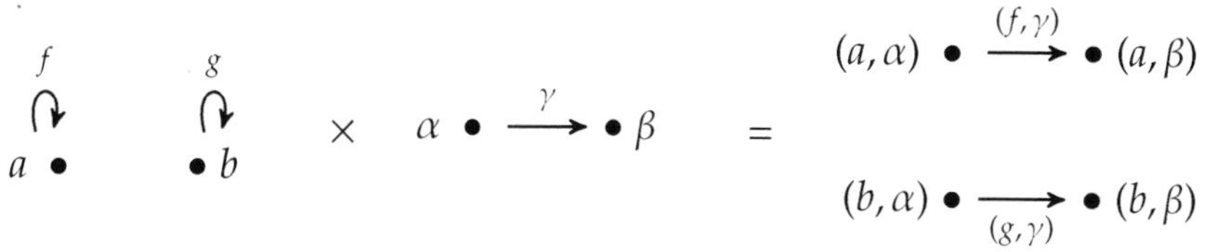

$$\begin{array}{c} f \qquad g \\ \curvearrowright \qquad \curvearrowright \\ a \bullet \qquad \bullet\, b \end{array} \quad \times \quad \alpha \bullet \xrightarrow{\ \gamma\ } \bullet\, \beta \quad = \quad \begin{array}{c} (a,\alpha) \bullet \xrightarrow{(f,\gamma)} \bullet\, (a,\beta) \\[2mm] (b,\alpha) \bullet \xrightarrow[(g,\gamma)]{} \bullet\, (b,\beta) \end{array}$$

$$\mathbf{2} \qquad\qquad\qquad \mathbf{F} \qquad\qquad\qquad \mathbf{2} \times \mathbf{F}$$

gracias a un isomorfismo obvio, $\mathbf{F} + \mathbf{F} = \mathbf{2} \times \mathbf{F}$.

Desarrollar mas

6.7. Notas

Capítulo 7
Teoría de categorías

En este capítulo presentaremos la definición formal de una categoría. En esta definición nos basaremos en los conceptos de precategoría, prefuntor y pre-transformación natural que se definieron en los capítulos anteriores. Como se mencionó en la definición 2.1.1, los términos *"objeto"* y *"0-celda"* así como *"morfismo"* y *"1-celda"* son sinónimos. En este capítulo utilizaremos el término *"objeto"* para referirnos a una 0-celda y el término *"morfismo"* para referirnos a una 1-celda. Estos términos son los utilizados comúnmente dentro de teoría de categorías.

7.1. Notación para composición

Como se verá mas adelante, una categoría es una 1-gráfica reflexiva en la cual la composición entre dos 1-celdas cumple ciertas propiedades. A fin de evitar confusiones, es conveniente aclarar la notación para la composición. En la traducción de los primeros trabajos matemáticos del Árabe a otras lenguas se conservó la notación original que seguía la convención de escritura de este idioma: escribir de derecha a izquierda. Esta es la razón por la cual la composición de f y g, es decir, la ejecución primero de f y luego de g se denota como $g \circ f$. Esta es también la razón por la cual la aplicación de una función f a un elemento x se denota como $f(x)$.

$$f(x) \overset{f}{\longmapsfrom} x$$

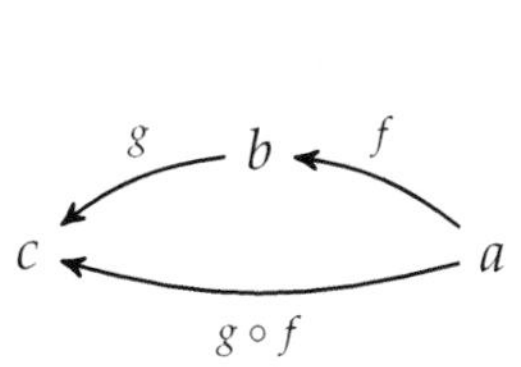

En Árabe

En Español se escribe de izquierda a derecha. Por esta razón, la notación de composición debería ser $f \circ g$. De igual forma, la notación para al aplicación de una función f a un elemento x debería ser $(x)f$.

$$x \stackrel{f}{\longmapsto} (x)f$$

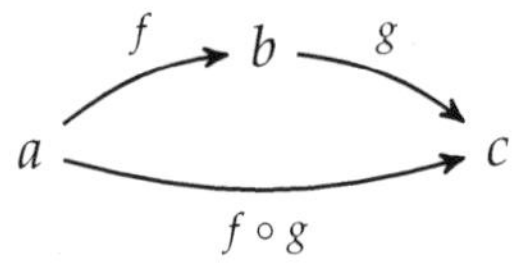

En Español

Para evitar confusiones, utilizaremos la notación mas común: denotaremos con $g \circ f$ la composición de f con g (primero f y después g) así como denotamos como $f(x)$ la aplicación de la función f al elemento x.

$$x \stackrel{f}{\longmapsto} f(x)$$

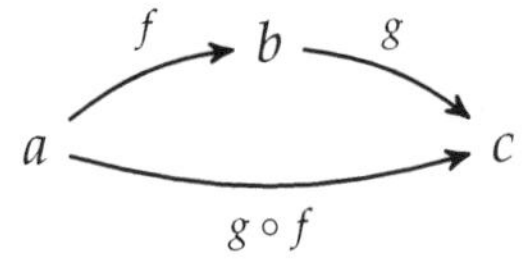

Notación utilizada en este texto

7.2. Categoría

La definición formal de una categoría se presenta a continuación.

7.2.1 Definición (Categoría). Una *categoría* es una 1-gráfica reflexiva $\mathbf{C} = \{\mathbf{C}_0 \leftleftarrows \mathbf{C}_1\}$ (ver definición 5.1.4) que cumple las siguientes propiedades:

1. **Composición parcial.** Para todos los morfismo $f, g \in \mathbf{C}_1$ tales que destino(f) = origen(g) existe un morfismo en $\mathbf{C}_1$, denotado como $g \circ f$, tal que

$$\text{origen}(g \circ f) = \text{origen}(f) \qquad \text{y} \qquad \text{destino}(g \circ f) = \text{destino}(g)$$

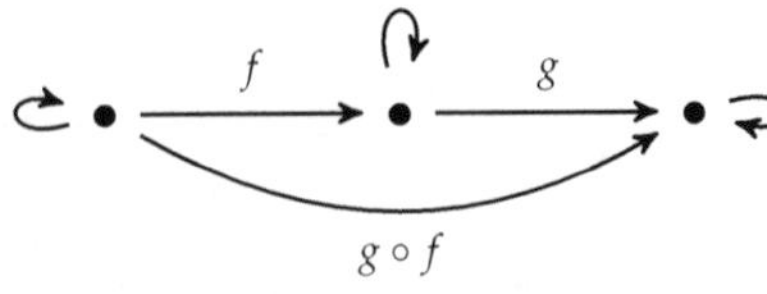

2. **Asociatividad en composición.** Para todos los morfismos $f, g, h \in \mathbf{C}_1$ tales que destino(f) = origen(g) y destino(g) = origen(h), tenemos que

$$h \circ (g \circ f) = (h \circ g) \circ f$$

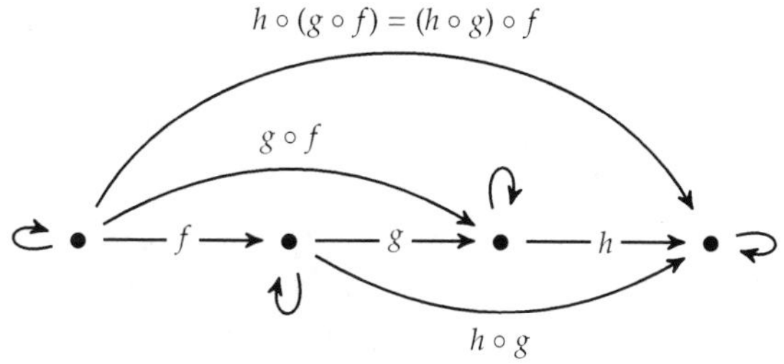

3. **Composición con identidad.** Para todos los morfismos $f, g \in \mathbf{C}_1$ tales que destino(f) = origen(g) = a tenemos que

$$(\mathrm{i}_a \circ f) = f \qquad \text{y} \qquad (g \circ \mathrm{i}_a) = g$$

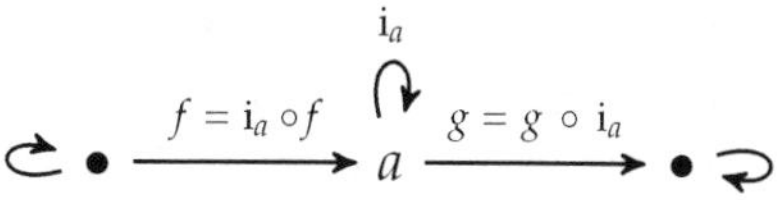

Si i_a satisface la condición, entonces es llamada la *celda identidad de a*, y es denotada como Id_a.

Cuando la 1-gráfica reflexiva $\mathbf{C} = \{\mathbf{C}_0 \leftleftarrows \mathbf{C}_1\}$ cumple estas propiedades, es decir, cuando $\mathbf{C} = \{\mathbf{C}_0 \leftleftarrows \mathbf{C}_1\}$ es una categoría, será denotada como $C = \{C_0 \leftleftarrows C_1\}$.

Note como la gráfica **C** que subyace a la categoría C puede tener como objetos *cualquier cosa* y como morfismos *cualquier relación* que se de entre dichos objetos. Los objetos no tienen que ser conjuntos y los morfismos no tienen que ser funciones. Teoría de categorías es una álgebra abstracta de morfismos, con la composición parcial "∘" como operación primitiva. Esta composición es la parte mas importante, puesto que sin ella una categoría es tan solo una 1-gráfica reflexiva.

7.3. Funtor

Dadas dos categorías, podemos definir relaciones entre ellas. Cada una de estas relaciones debe definir no solo un camino de los objetos de una categoría a los objetos de otra, sino también un camino de los morfismos de la primera a los morfismos de la segunda. Por lo tanto, esta relación es mas compleja que una simple función; una relación entre las categorías C y $\mathcal{D}$ debe llevarnos de objetos en C a objetos en $\mathcal{D}$ y de morfismos en C a morfismos en $\mathcal{D}$. Estamos interesados en relaciones que preservan la estructura de la categoría origen, por lo tanto consideraremos solo aquellas que cumplen ciertas propiedades.

Recordemos que una categoría es una 1-gráfica reflexiva con composición parcial. Por lo tanto, una relación entre dos categorías debe ser una relación entre dos 1-gráficas reflexivas con composición parcial que cumple propiedades adicionales sobre esta composición parcial. En la sección 5.2 definimos el concepto de 1-prefuntor reflexivo (definición 5.2.2) como una relación entre dos 1-gráficas reflexivas; por lo tanto, una relación entre dos categorías es un 1-prefuntor reflexivo que cumple propiedades sobre la composición parcial. A esta relación entre categorías se le conoce como *funtor*.

7.3.1 Definición (Funtor). Un funtor en teoría de categorías es el 1-prefuntor reflexivo que hemos definido anteriormente (definición 5.2.2) con una propiedad adicional sobre la composición.

Sean C y $\mathcal{D}$ dos categorías. Un funtor $\mathcal{F}$ de C a $\mathcal{D}$ está definido por dos mapeos

$$\mathcal{F}_0 : C_0 \to \mathcal{D}_0 \qquad \text{y} \qquad \mathcal{F}_1 : C_1 \to \mathcal{D}_1$$

que satisfacen el diagrama conmutativo de la figura 7.1.

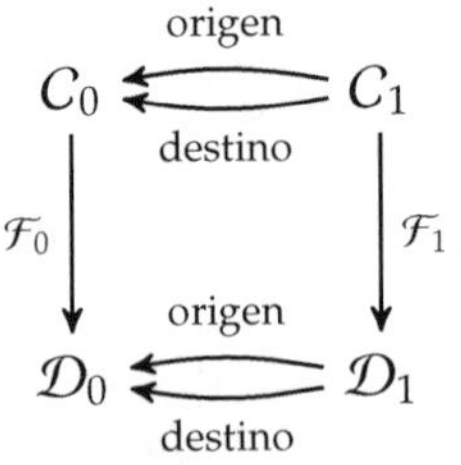

Figura 7.1: Diagrama conmutativo de un funtor

Como se mencionó, existen dos formas diferentes en la cual este diagrama puede ser satisfecho. Por lo tanto, tenemos dos tipos diferentes de funtores. Recordemos, además, que un 1-prefuntor reflexivo es un 1-prefuntor que relaciona 1-gráficas reflexivas, por lo cual satisface una propiedad adicional sobre el morfismo i_a para cada objeto a. Presentaremos primero definiciones de funtor co-variante y contra-variante en términos de la definición de 1-prefuntor reflexivo.

7.3.2 Definición (Funtor co-variante (Versión 1)). Un *funtor* co-variante $\mathcal{F}$ de una categoría C a una categoría $\mathcal{D}$ (tipo($\mathcal{F}$) = $\langle C, \mathcal{D}\rangle$) es un 1-prefuntor co-variante reflexivo (ver definición 5.2.2) que satisface la siguiente condición para la composición parcial.

Si $g \circ f$ está definida para $f, g \in C_1$, entonces $\mathcal{F}(g) \circ \mathcal{F}(f)$ también está definida y además

$$\mathcal{F}(g \circ f) = \mathcal{F}(g) \circ \mathcal{F}(f)$$

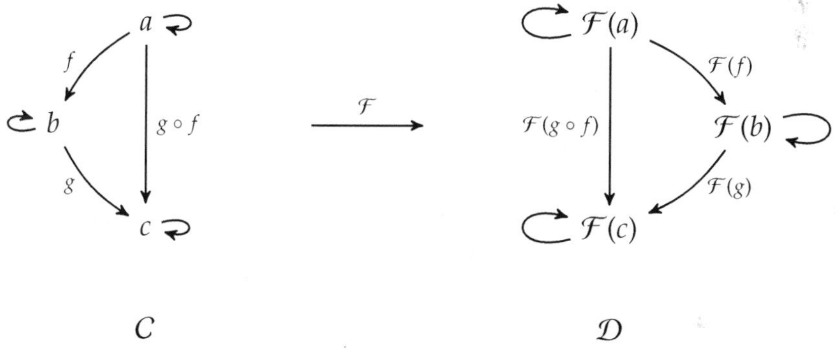

7.3.3 Definición (Funtor contra-variante (Versión 1)). Un *funtor contra-variante* $\mathcal{F}$ de una categoría $\mathcal{G}$ a una categoría $\mathcal{D}$ (tipo($\mathcal{F}$) = $\langle C, \mathcal{D}\rangle$) es un 1-prefuntor contra-variante reflexivo (ver definición 5.2.2) que satisface la siguiente condición para composición parcial.

Si $g \circ f$ está definido para $f, g \in C_1$, entonces $\mathcal{F}(f) \circ \mathcal{F}(g)$ también está definida y además

$$\mathcal{F}(g \circ f) = \mathcal{F}(f) \circ \mathcal{F}(g)$$

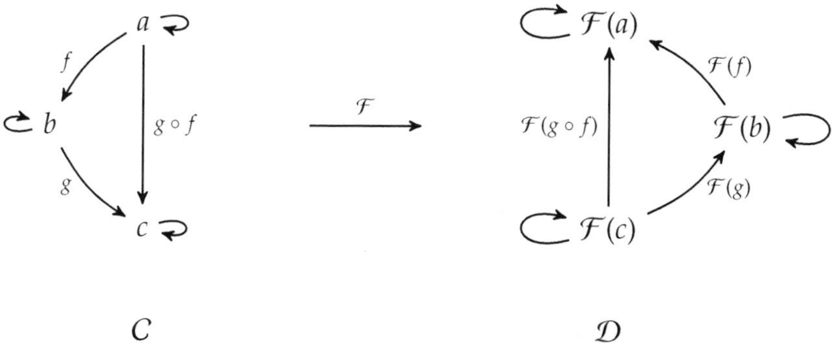

Presentamos a continuación una segunda versión de la definición de funtor co-variante y funtor contra-variante. En estas versiones presentamos todas las propiedades que debe satisfacer una relación entre dos categorías para ser llamada funtor, incluyendo aquellas que hereda de las definiciones de 1-prefuntor y 1-prefuntor reflexivo. Ambas definiciones son, por supuesto, equivalentes.

7.3.4 Definición (Funtor co-variante (Versión 2)). Un *funtor co-variante* es una relación especial entre categorías que preserva la estructura de la categoría origen.

Dadas dos categorías $\mathcal{C} = \{\mathcal{C}_0 \leftleftarrows \mathcal{C}_1\}$ y $\mathcal{D} = \{\mathcal{D}_0 \leftleftarrows \mathcal{D}_1\}$, un funtor co-variante $\mathcal{F}$ de $\mathcal{C}$ a $\mathcal{D}$ (tipo($\mathcal{F}$) = $\langle \mathcal{C}, \mathcal{D} \rangle$) está definido por dos mapeos

$$\mathcal{F}_0 : \mathcal{C}_0 \to \mathcal{D}_0 \qquad \text{y} \qquad \mathcal{F}_1 : \mathcal{C}_1 \to \mathcal{D}_1$$

tales que:

1. $\mathcal{F}$ entrelaza el diagrama de la figura 7.1 de la siguiente manera:

$$\text{origen}_{\mathcal{D}} \circ \mathcal{F} = \mathcal{F} \circ \text{origen}_{\mathcal{C}} \qquad \text{destino}_{\mathcal{D}} \circ \mathcal{F} = \mathcal{F} \circ \text{destino}_{\mathcal{C}}$$

   lo que significa que para todo $f \in \mathcal{C}_1$, si tipo(f) = $\langle a, b \rangle$ entonces

$$\text{tipo}(\mathcal{F}(f)) = \langle \mathcal{F}(a), \mathcal{F}(b) \rangle$$

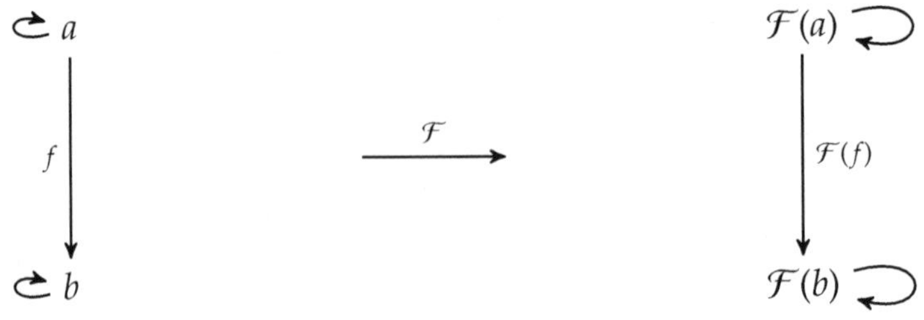

Categoría $\mathcal{C}$ Categoría $\mathcal{D}$

2. Para todo $a \in \mathcal{C}_0$

$$\mathcal{F}(\text{Id}_a) = \text{Id}_{\mathcal{F}(a)}$$

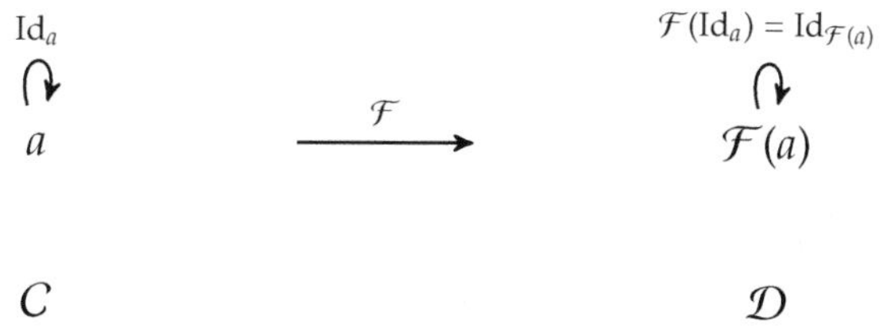

3. Si $g \circ f$ esta definida para $f, g \in C_1$, entonces $\mathcal{F}(g) \circ \mathcal{F}(f)$ esta definida y además:
$$\mathcal{F}(g \circ f) = \mathcal{F}(g) \circ \mathcal{F}(f)$$

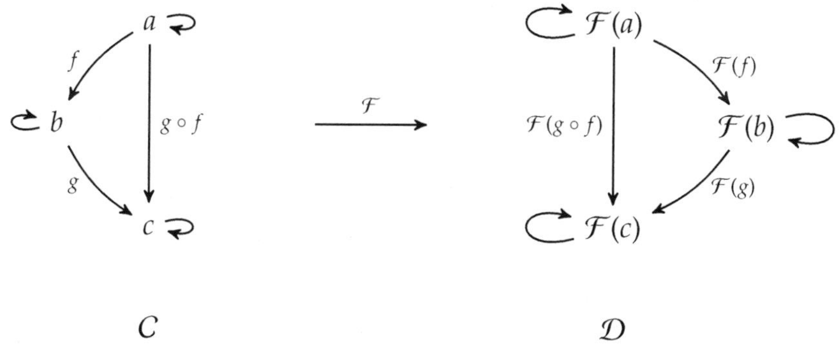

7.3.5 Definición (Funtor contra-variante (Versión 2)). Un *funtor contra-variante* es un mapeo entre categorías que preserva la estructura de la categoría origen pero invierte la dirección de los morfismos en C_1 al llevarlos a $\mathcal{D}_1$.

Dadas dos categorías $C = \{C_0 \leftleftarrows C_1\}$ y $\mathcal{D} = \{\mathcal{D}_0 \leftleftarrows \mathcal{D}_1\}$, un funtor contra-variante $\mathcal{F}$ de C a $\mathcal{D}$ (tipo($\mathcal{F}$) = $\langle C, \mathcal{D}\rangle$) está definido por dos mapeos

$$\mathcal{F}_0 : C_0 \to \mathcal{D}_0 \qquad \text{y} \qquad \mathcal{F}_1 : C_1 \to \mathcal{D}_1$$

tales que:

1. $\mathcal{F}$ entrelaza el diagrama de la figura 7.1 de la siguiente manera:

$$\text{origen}_{\mathcal{D}} \circ \mathcal{F} = \mathcal{F} \circ \text{destino}_C \qquad \text{destino}_{\mathcal{D}} \circ \mathcal{F} = \mathcal{F} \circ \text{origen}_C$$

lo que significa que para todo $f \in C_1$, si tipo(f) = $\langle a, b\rangle$ entonces

$$\text{tipo}(\mathcal{F}(f)) = \langle \mathcal{F}(b), \mathcal{F}(a)\rangle$$

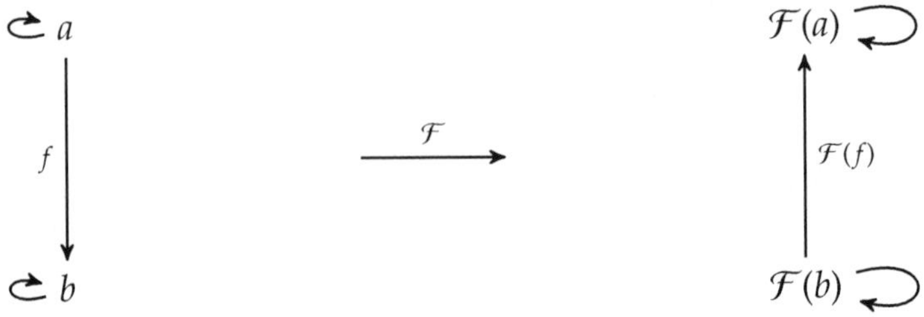

Categoría C Categoría $\mathcal{D}$

2. Para todo $a \in C_0$

$$\mathcal{F}(\mathrm{Id}_a) = \mathrm{Id}_{\mathcal{F}(a)}$$

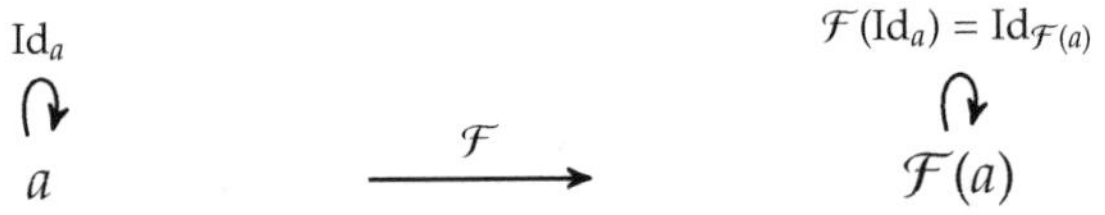

C $\mathcal{D}$

3. Si $g \circ f$ esta definida para $f, g \in C_1$, entonces $\mathcal{F}(f) \circ \mathcal{F}(g)$ está definida y además:

$$\mathcal{F}(g \circ f) = \mathcal{F}(f) \circ \mathcal{F}(g)$$

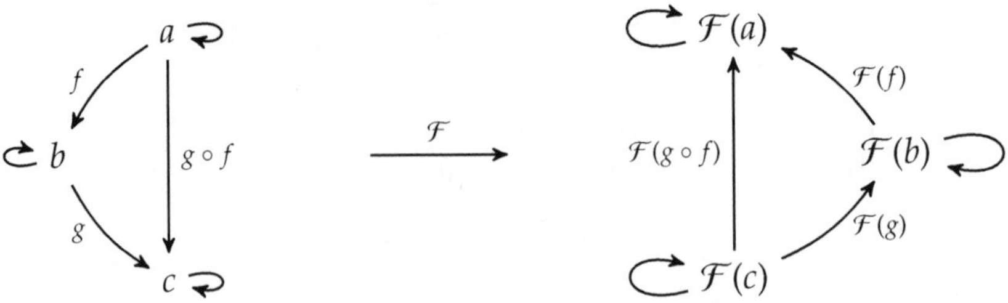

C $\mathcal{D}$

7.4. Composición entre funtores

De la misma forma en que, dados dos morfismos tales que el destino de uno sea el origen del otro, podemos definir la composición entre ellos, también podemos definir la composición entre dos funtores. El tipo de funtor (co-variante/contra-variante) que resulte de esta composición depende obviamente del tipo de los funtores originales. A fin de evitar confusiones, denotaremos con $\mathring{\circ}$ la operación de composición entre dos funtores, y seguiremos denotando con $\circ$ la operación de composición entre dos morfismos.

7.4.1 Definición (Composición de funtores). Sean $\mathcal{F}$ y $\mathcal{G}$ dos funtores tales que destino($\mathcal{F}$) = origen($\mathcal{G}$):

$$\text{origen}(\mathcal{F}) \xrightarrow{\mathcal{F}} \bullet \xrightarrow{\mathcal{G}} \text{destino}(\mathcal{G})$$

El funtor $\mathcal{G} \mathring{\circ} \mathcal{F}$, tal que tipo($\mathcal{G} \mathring{\circ} \mathcal{F}$) = ⟨ origen($\mathcal{F}$), destino($\mathcal{G}$)⟩

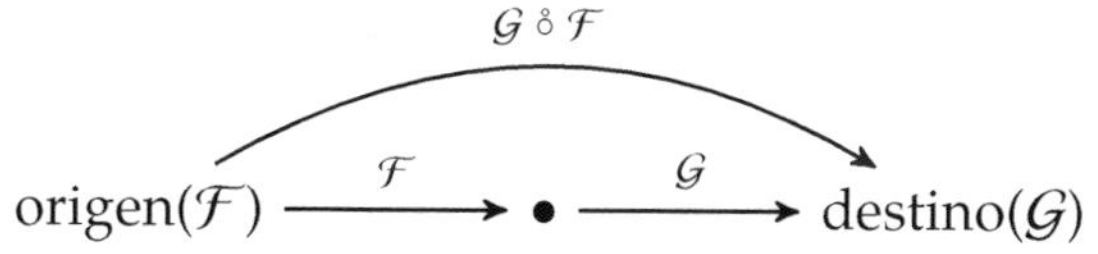

esta definido como

$$(\mathcal{G} \mathring{\circ} \mathcal{F})_0 = \mathcal{G}_0 \circ \mathcal{F}_0$$
$$(\mathcal{G} \mathring{\circ} \mathcal{F})_1 = \mathcal{G}_1 \circ \mathcal{F}_1$$

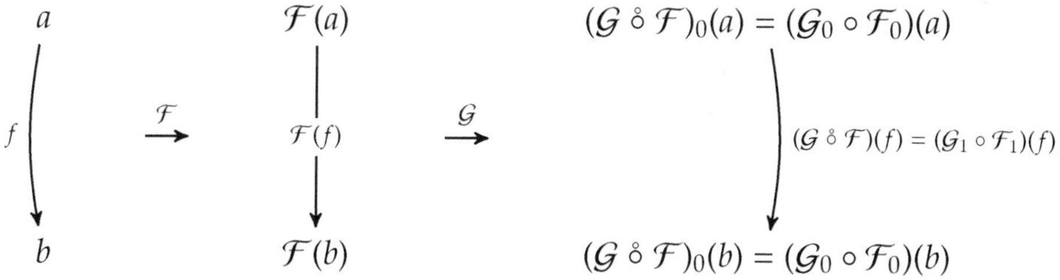

Cuando componemos dos funtores co-variantes o dos funtores contra-variantes, obtenemos un funtor co-variante. Al componer un funtor co-variante con un contra-variante o viceversa obtenemos un funtor contra-variante.

7.4.2 Teorema (Composición de funtores). Sean $\mathcal{A}$, $\mathcal{B}$, $\mathcal{C}$ categorías, y sean $\mathcal{F}$, $\mathcal{G}$ funtores tales que:

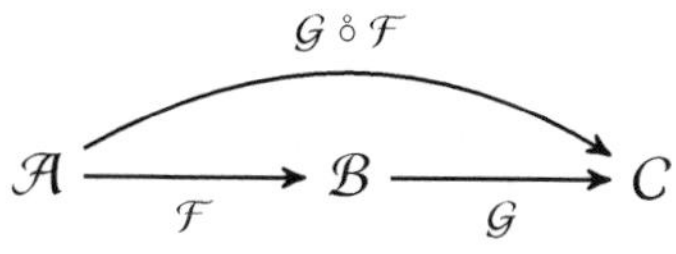

1. Si $\mathcal{F}$ y $\mathcal{G}$ son co-variantes, $\mathcal{G} \mathring{\circ} \mathcal{F}$ es co-variante.
2. Si $\mathcal{F}$ es co-variante y $\mathcal{G}$ es contra-variante, $\mathcal{G} \mathring{\circ} \mathcal{F}$ es contra-variante.
3. Si $\mathcal{F}$ es contra-variante y $\mathcal{G}$ es co-variante, $\mathcal{G} \mathring{\circ} \mathcal{F}$ es contra-variante.
4. Si $\mathcal{F}$ y $\mathcal{G}$ son contra-variantes, $\mathcal{G} \mathring{\circ} \mathcal{F}$ es co-variante.

Demostración. Se demostrarán los cuatro incisos:

1. Dado que $\mathcal{F}$ y $\mathcal{G}$ son co-variantes, entonces tenemos

$$\begin{array}{ccc} \mathcal{F}_0 \circ \text{origen}_{\mathcal{A}} = \text{origen}_{\mathcal{B}} \circ \mathcal{F}_1 & \text{y} & \mathcal{F}_0 \circ \text{destino}_{\mathcal{A}} = \text{destino}_{\mathcal{B}} \circ \mathcal{F}_1 \\ \mathcal{G}_0 \circ \text{origen}_{\mathcal{B}} = \text{origen}_{\mathcal{C}} \circ \mathcal{G}_1 & \text{y} & \mathcal{G}_0 \circ \text{destino}_{\mathcal{B}} = \text{destino}_{\mathcal{C}} \circ \mathcal{G}_1 \end{array}$$

Entonces

$$\begin{aligned} \mathcal{F}_0 \circ \text{origen}_{\mathcal{A}} &= \text{origen}_{\mathcal{B}} \circ \mathcal{F}_1 \\ \mathcal{G}_0 \circ (\mathcal{F}_0 \circ \text{origen}_{\mathcal{A}}) &= \mathcal{G}_0 \circ (\text{origen}_{\mathcal{B}} \circ \mathcal{F}_1) \\ (\mathcal{G}_0 \circ \mathcal{F}_0) \circ \text{origen}_{\mathcal{A}} &= (\mathcal{G}_0 \circ \text{origen}_{\mathcal{B}}) \circ \mathcal{F}_1 \\ (\mathcal{G} \mathring{\circ} \mathcal{F})_0 \circ \text{origen}_{\mathcal{A}} &= (\text{origen}_{\mathcal{C}} \circ \mathcal{G}_1) \circ \mathcal{F}_1 \\ (\mathcal{G} \mathring{\circ} \mathcal{F})_0 \circ \text{origen}_{\mathcal{A}} &= \text{origen}_{\mathcal{C}} \circ (\mathcal{G}_1 \circ \mathcal{F}_1) \\ (\mathcal{G} \mathring{\circ} \mathcal{F})_0 \circ \text{origen}_{\mathcal{A}} &= \text{origen}_{\mathcal{C}} \circ (\mathcal{G} \mathring{\circ} \mathcal{F})_1 \end{aligned}$$

y también

$$\begin{aligned} \mathcal{F}_0 \circ \text{destino}_{\mathcal{A}} &= \text{destino}_{\mathcal{B}} \circ \mathcal{F}_1 \\ \mathcal{G}_0 \circ (\mathcal{F}_0 \circ \text{destino}_{\mathcal{A}}) &= \mathcal{G}_0 \circ (\text{destino}_{\mathcal{B}} \circ \mathcal{F}_1) \\ (\mathcal{G}_0 \circ \mathcal{F}_0) \circ \text{destino}_{\mathcal{A}} &= (\mathcal{G}_0 \circ \text{destino}_{\mathcal{B}}) \circ \mathcal{F}_1 \\ (\mathcal{G} \mathring{\circ} \mathcal{F})_0 \circ \text{destino}_{\mathcal{A}} &= (\text{destino}_{\mathcal{C}} \circ \mathcal{G}_1) \circ \mathcal{F}_1 \\ (\mathcal{G} \mathring{\circ} \mathcal{F})_0 \circ \text{destino}_{\mathcal{A}} &= \text{destino}_{\mathcal{C}} \circ (\mathcal{G}_1 \circ \mathcal{F}_1) \\ (\mathcal{G} \mathring{\circ} \mathcal{F})_0 \circ \text{destino}_{\mathcal{A}} &= \text{destino}_{\mathcal{C}} \circ (\mathcal{G} \mathring{\circ} \mathcal{F})_1 \end{aligned}$$

por lo cual $\mathcal{G} \mathring{\circ} \mathcal{F}$ es co-variante.

2. Tenemos

$$\begin{array}{ccc} \mathcal{F}_0 \circ \text{origen}_{\mathcal{A}} = \text{origen}_{\mathcal{B}} \circ \mathcal{F}_1 & \text{y} & \mathcal{F}_0 \circ \text{destino}_{\mathcal{A}} = \text{destino}_{\mathcal{B}} \circ \mathcal{F}_1 \\ \mathcal{G}_0 \circ \text{origen}_{\mathcal{B}} = \text{destino}_{\mathcal{C}} \circ \mathcal{G}_1 & \text{y} & \mathcal{G}_0 \circ \text{destino}_{\mathcal{B}} = \text{origen}_{\mathcal{C}} \circ \mathcal{G}_1 \end{array}$$

Entonces

$$\begin{aligned}
\mathcal{F}_0 \circ \text{origen}_{\mathcal{A}} &= \text{origen}_{\mathcal{B}} \circ \mathcal{F}_1 \\
\mathcal{G}_0 \circ (\mathcal{F}_0 \circ \text{origen}_{\mathcal{A}}) &= \mathcal{G}_0 \circ (\text{origen}_{\mathcal{B}} \circ \mathcal{F}_1) \\
(\mathcal{G}_0 \circ \mathcal{F}_0) \circ \text{origen}_{\mathcal{A}} &= (\mathcal{G}_0 \circ \text{origen}_{\mathcal{B}}) \circ \mathcal{F}_1 \\
(\mathcal{G} \mathring{\circ} \mathcal{F})_0 \circ \text{origen}_{\mathcal{A}} &= (\text{destino}_{C} \circ \mathcal{G}_1) \circ \mathcal{F}_1 \\
(\mathcal{G} \mathring{\circ} \mathcal{F})_0 \circ \text{origen}_{\mathcal{A}} &= \text{destino}_{C} \circ (\mathcal{G}_1 \circ \mathcal{F}_1) \\
(\mathcal{G} \mathring{\circ} \mathcal{F})_0 \circ \text{origen}_{\mathcal{A}} &= \text{destino}_{C} \circ (\mathcal{G} \mathring{\circ} \mathcal{F})_1
\end{aligned}$$

y también

$$\begin{aligned}
\mathcal{F}_0 \circ \text{destino}_{\mathcal{A}} &= \text{destino}_{\mathcal{B}} \circ \mathcal{F}_1 \\
\mathcal{G}_0 \circ (\mathcal{F}_0 \circ \text{destino}_{\mathcal{A}}) &= \mathcal{G}_0 \circ (\text{destino}_{\mathcal{B}} \circ \mathcal{F}_1) \\
(\mathcal{G}_0 \circ \mathcal{F}_0) \circ \text{destino}_{\mathcal{A}} &= (\mathcal{G}_0 \circ \text{destino}_{\mathcal{B}}) \circ \mathcal{F}_1 \\
(\mathcal{G} \mathring{\circ} \mathcal{F})_0 \circ \text{destino}_{\mathcal{A}} &= (\text{origen}_{C} \circ \mathcal{G}_1) \circ \mathcal{F}_1 \\
(\mathcal{G} \mathring{\circ} \mathcal{F})_0 \circ \text{destino}_{\mathcal{A}} &= \text{origen}_{C} \circ (\mathcal{G}_1 \circ \mathcal{F}_1) \\
(\mathcal{G} \mathring{\circ} \mathcal{F})_0 \circ \text{destino}_{\mathcal{A}} &= \text{origen}_{C} \circ (\mathcal{G} \mathring{\circ} \mathcal{F})_1
\end{aligned}$$

por lo cual $\mathcal{G} \mathring{\circ} \mathcal{F}$ es contra-variante.

3. Tenemos

$$\begin{aligned}
\mathcal{F}_0 \circ \text{origen}_{\mathcal{A}} = \text{destino}_{\mathcal{B}} \circ \mathcal{F}_1 \quad &\text{y} \quad \mathcal{F}_0 \circ \text{destino}_{\mathcal{A}} = \text{origen}_{\mathcal{B}} \circ \mathcal{F}_1 \\
\mathcal{G}_0 \circ \text{origen}_{\mathcal{B}} = \text{origen}_{C} \circ \mathcal{G}_1 \quad &\text{y} \quad \mathcal{G}_0 \circ \text{destino}_{\mathcal{B}} = \text{destino}_{C} \circ \mathcal{G}_1
\end{aligned}$$

Entonces

$$\begin{aligned}
\mathcal{F}_0 \circ \text{origen}_{\mathcal{A}} &= \text{destino}_{\mathcal{B}} \circ \mathcal{F}_1 \\
\mathcal{G}_0 \circ (\mathcal{F}_0 \circ \text{origen}_{\mathcal{A}}) &= \mathcal{G}_0 \circ (\text{destino}_{\mathcal{B}} \circ \mathcal{F}_1) \\
(\mathcal{G}_0 \circ \mathcal{F}_0) \circ \text{origen}_{\mathcal{A}} &= (\mathcal{G}_0 \circ \text{destino}_{\mathcal{B}}) \circ \mathcal{F}_1 \\
(\mathcal{G} \mathring{\circ} \mathcal{F})_0 \circ \text{origen}_{\mathcal{A}} &= (\text{destino}_{C} \circ \mathcal{G}_1) \circ \mathcal{F}_1 \\
(\mathcal{G} \mathring{\circ} \mathcal{F})_0 \circ \text{origen}_{\mathcal{A}} &= \text{destino}_{C} \circ (\mathcal{G}_1 \circ \mathcal{F}_1) \\
(\mathcal{G} \mathring{\circ} \mathcal{F})_0 \circ \text{origen}_{\mathcal{A}} &= \text{destino}_{C} \circ (\mathcal{G} \mathring{\circ} \mathcal{F})_1
\end{aligned}$$

y también

$$\begin{aligned}
\mathcal{F}_0 \circ \text{destino}_{\mathcal{A}} &= \text{origen}_{\mathcal{B}} \circ \mathcal{F}_1 \\
\mathcal{G}_0 \circ (\mathcal{F}_0 \circ \text{destino}_{\mathcal{A}}) &= \mathcal{G}_0 \circ (\text{origen}_{\mathcal{B}} \circ \mathcal{F}_1) \\
(\mathcal{G}_0 \circ \mathcal{F}_0) \circ \text{destino}_{\mathcal{A}} &= (\mathcal{G}_0 \circ \text{origen}_{\mathcal{B}}) \circ \mathcal{F}_1 \\
(\mathcal{G} \mathring{\circ} \mathcal{F})_0 \circ \text{destino}_{\mathcal{A}} &= (\text{origen}_{C} \circ \mathcal{G}_1) \circ \mathcal{F}_1 \\
(\mathcal{G} \mathring{\circ} \mathcal{F})_0 \circ \text{destino}_{\mathcal{A}} &= \text{origen}_{C} \circ (\mathcal{G}_1 \circ \mathcal{F}_1) \\
(\mathcal{G} \mathring{\circ} \mathcal{F})_0 \circ \text{destino}_{\mathcal{A}} &= \text{origen}_{C} \circ (\mathcal{G} \mathring{\circ} \mathcal{F})_1
\end{aligned}$$

por lo cual $\mathcal{G} \mathring{\circ} \mathcal{F}$ es contra-variante.

4. Tenemos

$$\begin{aligned}
\mathcal{F}_0 \circ \text{origen}_{\mathcal{A}} &= \text{destino}_{\mathcal{B}} \circ \mathcal{F}_1 \quad \text{y} \quad \mathcal{F}_0 \circ \text{destino}_{\mathcal{A}} = \text{origen}_{\mathcal{B}} \circ \mathcal{F}_1 \\
\mathcal{G}_0 \circ \text{origen}_{\mathcal{B}} &= \text{destino}_{C} \circ \mathcal{G}_1 \quad \text{y} \quad \mathcal{G}_0 \circ \text{destino}_{\mathcal{B}} = \text{origen}_{C} \circ \mathcal{G}_1
\end{aligned}$$

Entonces

$$\begin{aligned}
\mathcal{F}_0 \circ \text{origen}_{\mathcal{A}} &= \text{destino}_{\mathcal{B}} \circ \mathcal{F}_1 \\
\mathcal{G}_0 \circ (\mathcal{F}_0 \circ \text{origen}_{\mathcal{A}}) &= \mathcal{G}_0 \circ (\text{destino}_{\mathcal{B}} \circ \mathcal{F}_1) \\
(\mathcal{G}_0 \circ \mathcal{F}_0) \circ \text{origen}_{\mathcal{A}} &= (\mathcal{G}_0 \circ \text{destino}_{\mathcal{B}}) \circ \mathcal{F}_1 \\
(\mathcal{G} \mathring{\circ} \mathcal{F})_0 \circ \text{origen}_{\mathcal{A}} &= (\text{origen}_{C} \circ \mathcal{G}_1) \circ \mathcal{F}_1 \\
(\mathcal{G} \mathring{\circ} \mathcal{F})_0 \circ \text{origen}_{\mathcal{A}} &= \text{origen}_{C} \circ (\mathcal{G}_1 \circ \mathcal{F}_1) \\
(\mathcal{G} \mathring{\circ} \mathcal{F})_0 \circ \text{origen}_{\mathcal{A}} &= \text{origen}_{C} \circ (\mathcal{G} \mathring{\circ} \mathcal{F})_1
\end{aligned}$$

y también

$$\begin{aligned}
\mathcal{F}_0 \circ \text{destino}_{\mathcal{A}} &= \text{origen}_{\mathcal{B}} \circ \mathcal{F}_1 \\
\mathcal{G}_0 \circ (\mathcal{F}_0 \circ \text{destino}_{\mathcal{A}}) &= \mathcal{G}_0 \circ (\text{origen}_{\mathcal{B}} \circ \mathcal{F}_1) \\
(\mathcal{G}_0 \circ \mathcal{F}_0) \circ \text{destino}_{\mathcal{A}} &= (\mathcal{G}_0 \circ \text{origen}_{\mathcal{B}}) \circ \mathcal{F}_1 \\
(\mathcal{G} \mathring{\circ} \mathcal{F})_0 \circ \text{destino}_{\mathcal{A}} &= (\text{destino}_{C} \circ \mathcal{G}_1) \circ \mathcal{F}_1 \\
(\mathcal{G} \mathring{\circ} \mathcal{F})_0 \circ \text{destino}_{\mathcal{A}} &= \text{destino}_{C} \circ (\mathcal{G}_1 \circ \mathcal{F}_1) \\
(\mathcal{G} \mathring{\circ} \mathcal{F})_0 \circ \text{destino}_{\mathcal{A}} &= \text{destino}_{C} \circ (\mathcal{G} \mathring{\circ} \mathcal{F})_1
\end{aligned}$$

por lo cual $\mathcal{G} \mathring{\circ} \mathcal{F}$ es co-variante.

□

En adelante, omitiremos el subíndice en las funciones $\mathcal{F}_0$ y $\mathcal{F}_1$ que componen al funtor $\mathcal{F}$.

7.5. Transformación natural

Dadas entonces dos categorías, podemos tener funtores que nos llevan de una a otra. En el siguiente diagrama tenemos dos funtores $\mathcal{F}$, $\mathcal{G}$ que van de la categoría C a la categoría $\mathcal{D}$.

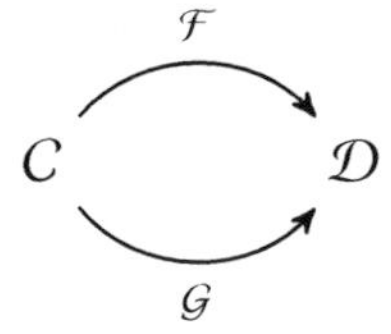

Así como definimos relaciones entre dos 1-prefuntores reflexivos del mismo tipo (una 1-pre-transformación natural reflexiva), podemos definir relaciones entre dos funtores del mismo tipo:

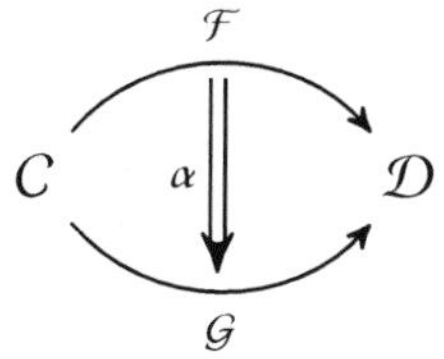

A este proceso α que nos lleva de un funtor $\mathcal{F}$ a otro funtor $\mathcal{G}$ se le llama transformación natural. Una transformación natural, que no es mas que una 1-pre-transformación natural reflexiva que satisface una condición adicional sobre la composición parcial, satisface el diagrama conmutativo de la figura 7.2.

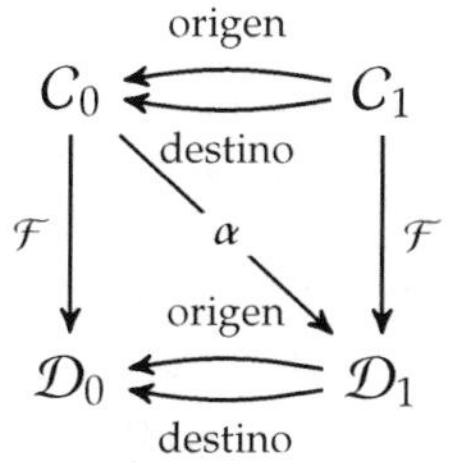

Figura 7.2: Diagrama conmutativo de una transformación natural

Así como en el caso de un funtor, presentaremos dos definiciones de una transformación natural. La primera definición está dada en términos de una

1-pre-transformación natural reflexiva, mientras que la segunda presenta explícitamente todas las condiciones que deben de ser satisfechas.

7.5.1 Definición (Transformación natural (Versión 1)). Una *transformación natural* α entre dos funtores co-variantes es una 1-pre-transformación natural reflexiva (ver definición 5.3.2) entre dos 1-prefuntores co-variantes que satisface una condición adicional para la composición.

Sean C y $\mathcal{D}$ categorías, y sean $\mathcal{F}$ y $\mathcal{G}$ funtores tales que tipo($\mathcal{F}$) = tipo($\mathcal{G}$) = $\langle C, \mathcal{D}\rangle$. Una *transformación natural* α entre $\mathcal{F}$ y $\mathcal{G}$ está definida por un mapeo

$$\alpha : C_0 \to \mathcal{D}_1$$

de tal forma que para todo $f \in C_1$ tal que tipo(f) = $\langle a, b\rangle$, se cumple la llamada *condición de naturalidad*:

$$\mathcal{G}(f) \circ \alpha(a) = \alpha(b) \circ \mathcal{F}(f)$$

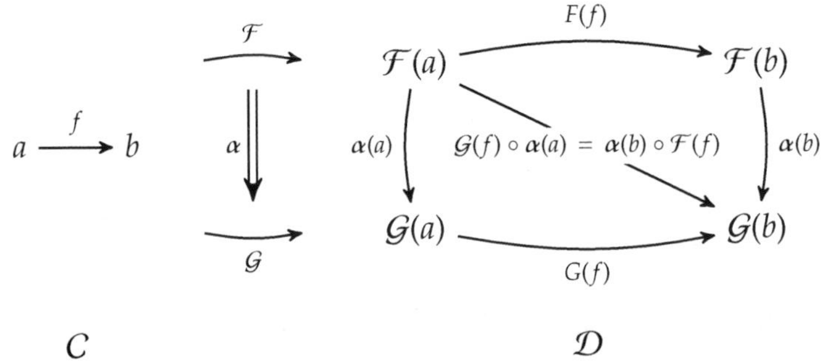

Una transformación natural α entre del funtor $\mathcal{F}$ al funtor $\mathcal{G}$ asigna a cada objeto a de la categoría origen un morfismo $\alpha(a)$ en la categoría destino. Este morfismo va del objeto $\mathcal{F}(a)$ al objeto $\mathcal{F}(b)$. Además, se debe cumplir la condición de naturalidad. Sea f un morfismo del objeto a al objeto b en la categoría origen; el morfismo que resulta de componer $\alpha(a)$ con $\mathcal{G}(f)$ es el mismo que el que resulta de componer $\mathcal{F}(f)$ con $\alpha(b)$.

7.5.2 Definición (Transformación natural (Versión 2)). Una *transformación natural* α entre dos funtores co-variantes $\mathcal{F}$ y $\mathcal{G}$ (tipo(α) = $\langle \mathcal{F}, \mathcal{G}\rangle$) que van de la categoría C a la categoría $\mathcal{D}$ está definida por un mapeo

$$\alpha : C_0 \to \mathcal{D}_1$$

que asigna a cada 0-celda $a \in C_0$ una 1-celda en $\mathcal{D}_1$ que va de la imagen de a bajo $\mathcal{F}$ a la imagen de a bajo $\mathcal{G}$

$$\text{tipo}(\alpha(a)) = \langle \mathcal{F}(a), \mathcal{G}(a)\rangle$$

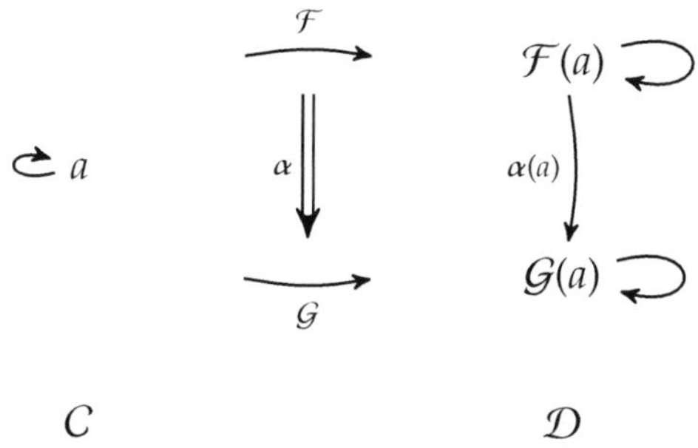

de tal forma que para todo $f \in C_1$ con tipo$(f) = \langle a, b\rangle$, se cumple la llamada condición de naturalidad:

$$\mathcal{G}(f) \circ \alpha(a) = \alpha(b) \circ \mathcal{F}(f)$$

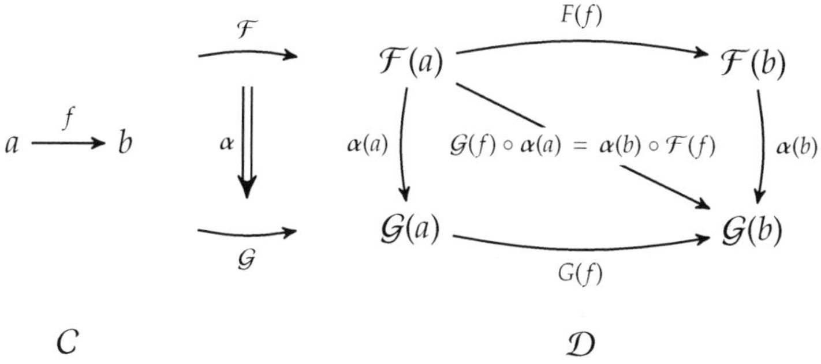

7.6. Composición entre funtor y transformación natural

Resulta interesante el notar que es posible componer un funtor con una transformación natural, y viceversa. Ambas composiciones producen una nueva transformación natural. Aunque los funtores considerados en esta sección son funtores co-variantes, resultados similares pueden obtenerse con funtores contra-variantes.

Estudiaremos primero la composición de un funtor con una transformación natural.

7.6.1 Definición (Composición de funtor con transformación natural). Sean $\mathcal{A}$, $\mathcal{B}$ y C tres categorías. Sean $\mathcal{F}$, $\mathcal{H}$ y $\mathcal{K}$ tres funtores y sea β una transformación natural como se muestra en el siguiente diagrama:

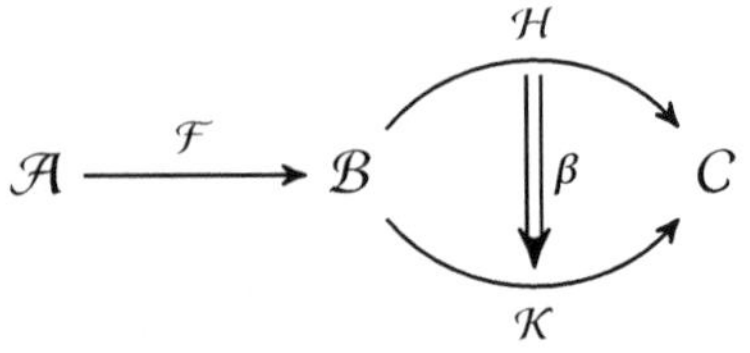

La transformación natural $\beta\mathcal{F}$, con

$$\text{tipo}(\beta\mathcal{F}) = \langle \mathcal{H} \,\mathring{\circ}\, \mathcal{F}, \mathcal{K} \,\mathring{\circ}\, \mathcal{F} \rangle$$

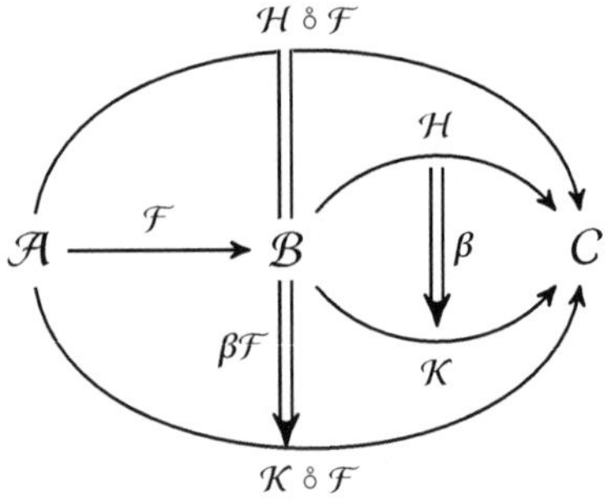

está definida como un mapeo que asigna a cada objeto en $\mathcal{A}$ un morfismo en C de la siguiente manera:

$$(\beta\mathcal{F})(a) = \beta(\mathcal{F}(a)) \qquad \text{para toda} \quad a \in \mathcal{A}_0$$

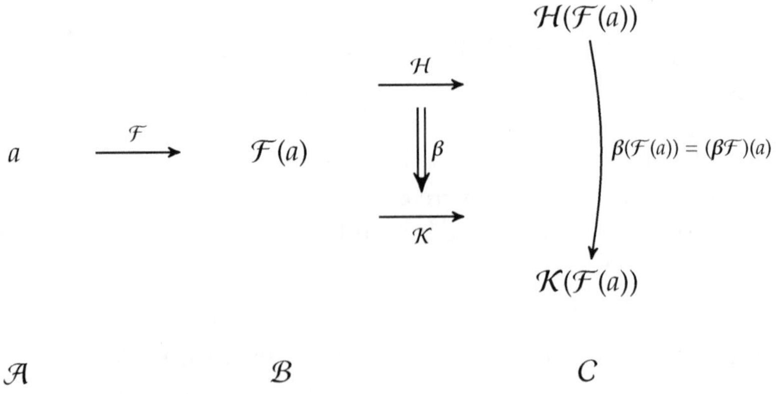

Para afirmar que $\beta\mathcal{F}$ es una transformación natural no basta con definir el mapeo respectivo; también es necesario demostrar que este cumple la condición de naturalidad.

7.6.2 Teorema ($\beta\mathcal{F}$ es transformación natural)**.** La composición $\beta\mathcal{F}$ de la definición 7.6.1, cuyo tipo es $\langle \mathcal{H} \mathring{\circ} \mathcal{F}, \mathcal{K} \mathring{\circ} \mathcal{F} \rangle$, satisface la condición de naturalidad, es decir, para todo $f \in \mathcal{A}_1$ con tipo$(f) = \langle a, b \rangle$,

$$(\mathcal{K} \mathring{\circ} \mathcal{F})(f) \circ \beta\mathcal{F}(a) \;=\; \beta\mathcal{F}(b) \circ (\mathcal{H} \mathring{\circ} \mathcal{F})(f)$$

Demostración. Recordemos que β es transformación natural, por lo que cumple la condición de naturalidad. Para todo morfismo f' en $\mathcal{B}$ tal que tipo$(f') = \langle a', b' \rangle$ tenemos que

$$\mathcal{K}(f') \circ \beta(a') = \beta(b') \circ \mathcal{H}(f')$$

Sea $f \in \mathcal{A}_1$ con tipo$(f) = \langle a, b \rangle$:

$$\begin{aligned}(\mathcal{K} \mathring{\circ} \mathcal{F})(f) \circ \beta\mathcal{F}(a) &= \mathcal{K}(\mathcal{F}(f)) \circ \beta(\mathcal{F}(a)) && \text{definición}\\ &= \beta(\mathcal{F}(b)) \circ \mathcal{H}(\mathcal{F}(f)) && \text{naturalidad de } \beta\\ &= \beta\mathcal{F}(b) \circ (\mathcal{H} \mathring{\circ} \mathcal{F})(f)) && \text{definición}\end{aligned}$$

El siguiente diagrama muestra a $\beta\mathcal{F}$. En la categoría C, el morfismo que va de $\mathcal{H}(\mathcal{F}(a))$ a $\mathcal{K}(\mathcal{F}(b))$ esta dado por

$$\mathcal{K}(\mathcal{F}(f)) \circ \beta(\mathcal{F}(a)) = \beta(\mathcal{F}(b)) \circ (\mathcal{H}(\mathcal{F}(f))$$

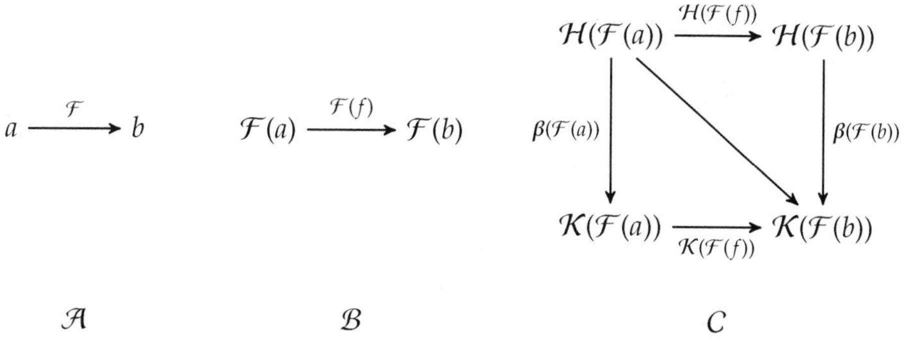

□

Revisemos ahora la composición entre una composición natural y un funtor.

7.6.3 Definición (Composición de transformación natural con funtor)**.** Sean $\mathcal{A}$, $\mathcal{B}$ y C tres categorías. Sean $\mathcal{F}$, $\mathcal{G}$ y $\mathcal{H}$ tres funtores y sea α una transformación natural como se muestra a continuación:

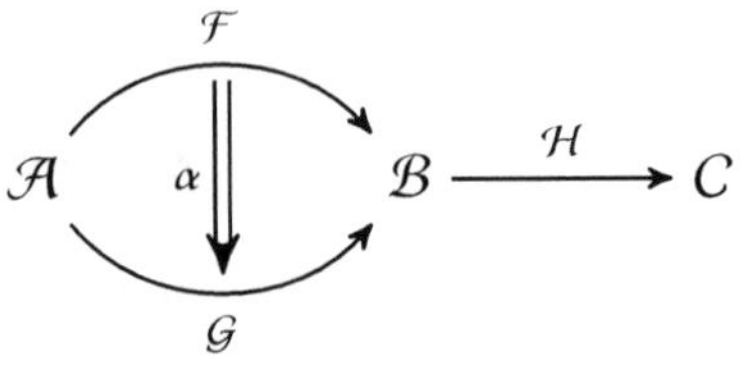

La transformación natural $\mathcal{H}\alpha$, con

$$\text{tipo}(\mathcal{H}\alpha) = \langle \mathcal{H} \mathbin{\mathring{\circ}} \mathcal{F}, \mathcal{H} \mathbin{\mathring{\circ}} \mathcal{G} \rangle$$

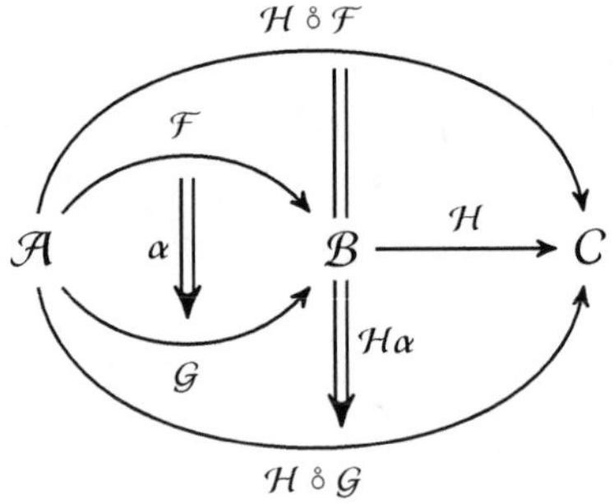

se define como

$$(\mathcal{H}\alpha)(a) = \mathcal{H}(\alpha(a)) \qquad \text{para} \qquad a \in \mathcal{A}_0$$

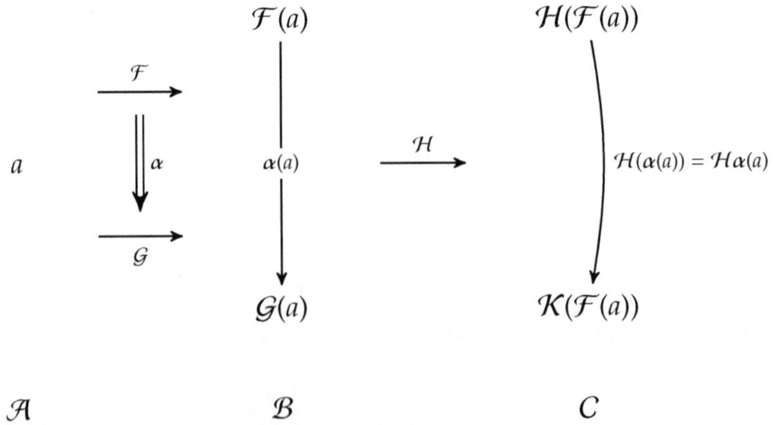

Resta demostrar que $\mathcal{H}\alpha$ cumple la condición de naturalidad.

7.6.4 Teorema ($\mathcal{H}\alpha$ es transformación natural). La composición $\mathcal{H}\alpha$ de la definición 7.6.3, cuyo tipo es $\langle \mathcal{H} \mathring{\circ} \mathcal{F}, \mathcal{H} \mathring{\circ} \mathcal{G} \rangle$, satisface la condición de naturalidad, es decir, para todo $f \in \mathcal{A}_1$ con $\text{tipo}(f) = \langle a, b \rangle$,

$$(\mathcal{H} \mathring{\circ} \mathcal{G})(f) \circ \mathcal{H}\alpha(a) \;=\; \mathcal{H}\alpha(b) \circ (\mathcal{H} \mathring{\circ} \mathcal{F})(f)$$

Demostración. Recordemos que α es transformación natural, por lo que cumple la condición de naturalidad. Para todo morfismo f en $\mathcal{A}$ tal que $\text{tipo}(f) = \langle a, b \rangle$ tenemos que

$$\mathcal{G}(f) \circ \alpha(a) = \alpha(b) \circ \mathcal{F}(f)$$

De la misma forma, al ser $\mathcal{H}$ un funtor co-variante, tenemos que para todo par de morfismos f', g' en $\mathcal{B}$ para los cuales exista $g' \circ f'$:

$$\mathcal{H}(g' \circ f') = \mathcal{H}(g') \circ \mathcal{H}(f')$$

Sea $f \in \mathcal{A}_1$ con $\text{tipo}(f) = \langle a, b \rangle$:

$$\begin{aligned}
(\mathcal{H} \mathring{\circ} \mathcal{G})(f) \circ \mathcal{H}\alpha(a) &= \mathcal{H}(\mathcal{G}(f)) \circ \mathcal{H}(\alpha(a)) && \text{definición} \\
&= \mathcal{H}(\mathcal{G}(f) \circ \alpha(a)) && \mathcal{H} \text{ es co-variante} \\
&= \mathcal{H}(\alpha(b) \circ \mathcal{F}(f)) && \text{naturalidad de } \alpha \\
&= \mathcal{H}(\alpha(b)) \circ \mathcal{H}(\mathcal{F}(f)) && \mathcal{H} \text{ es co-variante} \\
&= \mathcal{H}\alpha(b) \circ (\mathcal{H} \mathring{\circ} \mathcal{F})(f) && \text{definición}
\end{aligned}$$

El siguiente diagrama muestra a $\mathcal{H}\alpha$. En la categoría C, el morfismo que va de $\mathcal{H}(\mathcal{F}(a))$ a $\mathcal{H}(\mathcal{G}(b))$ está dado por

$$\mathcal{H}(\mathcal{G}(f)) \circ \mathcal{H}(\alpha(a)) = \mathcal{H}(\alpha(b)) \circ \mathcal{H}(\mathcal{F}(f))$$

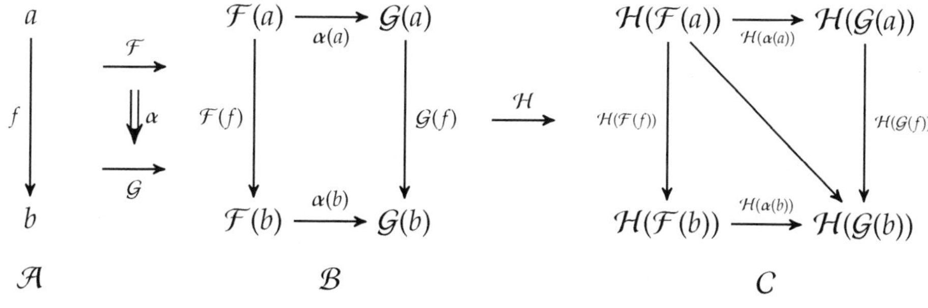

□

7.7. Composición entre transformaciones naturales

Presentamos ahora dos formas distintas de componer transformaciones naturales: la *composición vertical* y la *composición horizontal*. El nombre (vertical u horizontal) depende obviamente de la perspectiva desde la cual se vea el diagrama. En realidad cuando combinamos dos procesos, lo podemos hacer de manera *secuencial* (uno se ejecuta y en cuanto este termina se ejecuta el otro) o de manera *paralela* (los dos se ejecutan al mismo tiempo y cuando ambos finalizan, se unen los resultados). La aquí llamada composición vertical es una forma de combinar transformaciones naturales de forma secuencial, y la aquí llamada composición horizontal es una forma de combinar transformaciones naturales de forma paralela.

7.7.1 Definición (Composición vertical entre transformaciones naturales). Sean $\mathcal{F}$, $\mathcal{G}$, $\mathcal{H}$ funtores de $\mathcal{A}$ a $\mathcal{B}$, y sean $\boldsymbol{\alpha}$ y $\boldsymbol{\beta}$ transformaciones naturales tales que

$$\text{tipo}(\boldsymbol{\alpha}) = \langle \mathcal{F}, \mathcal{G} \rangle \qquad \text{y} \qquad \text{tipo}(\boldsymbol{\beta}) = \langle \mathcal{G}, \mathcal{H} \rangle$$

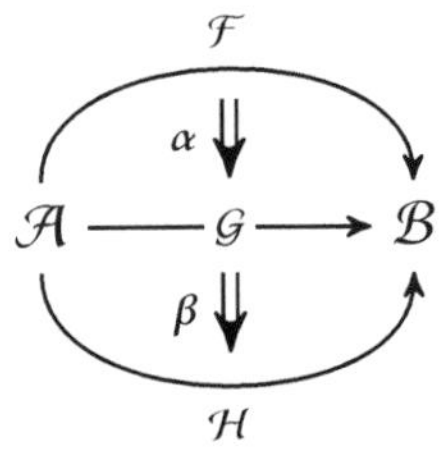

La composición de vertical entre $\boldsymbol{\alpha}$ y $\boldsymbol{\beta}$, denotada como $\boldsymbol{\beta} \circ_v \boldsymbol{\alpha}$, es una transformación natural con tipo

$$\text{tipo}(\boldsymbol{\beta} \circ_v \boldsymbol{\alpha}) = \langle \mathcal{F}, \mathcal{H} \rangle$$

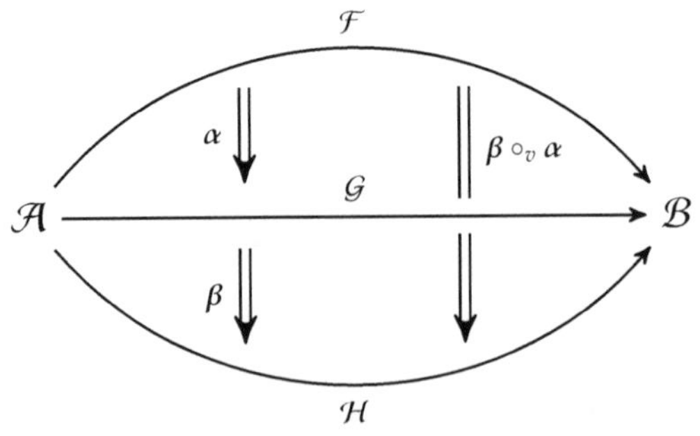

que se define de la siguiente forma:

$$(\boldsymbol{\beta} \circ_v \boldsymbol{\alpha})(a) = \boldsymbol{\beta}(a) \circ \boldsymbol{\alpha}(a) \qquad \text{para} \quad a \in \mathcal{A}_0$$

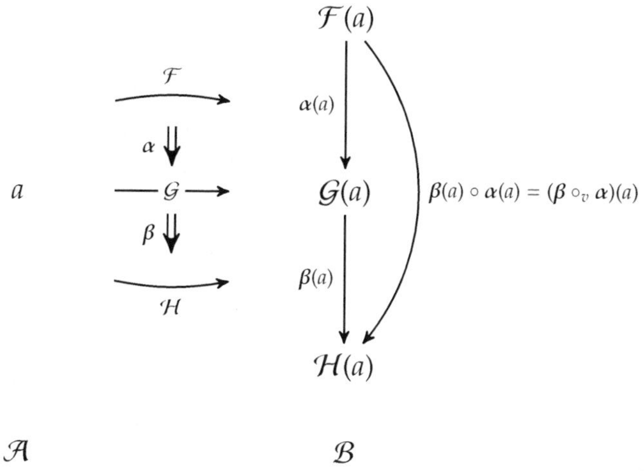

Ahora mostraremos que $\boldsymbol{\beta} \circ_v \boldsymbol{\alpha}$ es, en efecto, una transformación natural.

7.7.2 Teorema ($\beta \circ_v \alpha$ es transformación natural). La composición $\boldsymbol{\beta} \circ_v \boldsymbol{\alpha}$ de la definición 7.7.1, cuyo tipo es $\langle \mathcal{F}, \mathcal{H} \rangle$, satisface la condición de naturalidad, es decir, para todo $f \in \mathcal{A}_1$ con tipo$(f) = \langle a, b \rangle$,

$$\mathcal{H}(f) \circ (\boldsymbol{\beta} \circ_v \boldsymbol{\alpha})(a) \;=\; (\boldsymbol{\beta} \circ_v \boldsymbol{\alpha})(b) \circ \mathcal{F}(f)$$

Demostración. Como $\boldsymbol{\alpha}$ y $\boldsymbol{\beta}$ son transformaciones naturales, entonces para todo $f \in \mathcal{A}_1$ con tipo$(f) = \langle a, b \rangle$ tenemos que

$$\mathcal{G}(f) \circ \boldsymbol{\alpha}(a) = \boldsymbol{\alpha}(b) \circ \mathcal{F}(f) \qquad \text{y} \qquad \mathcal{H}(f) \circ \boldsymbol{\beta}(a) = \boldsymbol{\beta}(b) \circ \mathcal{G}(f)$$

Sea $f \in \mathcal{A}_1$ con tipo$(f) = \langle a, b \rangle$:

$$\begin{aligned}
\mathcal{H}(f) \circ (\boldsymbol{\beta} \circ_v \boldsymbol{\alpha})(a) &= \mathcal{H}(f) \circ \big(\boldsymbol{\beta}(a) \circ \boldsymbol{\alpha}(a)\big) && \text{definición} \\
&= \big(\mathcal{H}(f) \circ \boldsymbol{\beta}(a)\big) \circ \boldsymbol{\alpha}(a) \\
&= \big(\boldsymbol{\beta}(b) \circ \mathcal{G}(f)\big) \circ \boldsymbol{\alpha}(a) && \text{naturalidad de } \boldsymbol{\beta} \\
&= \boldsymbol{\beta}(b) \circ \big(\mathcal{G}(f) \circ \boldsymbol{\alpha}(a)\big) \\
&= \boldsymbol{\beta}(b) \circ \big(\boldsymbol{\alpha}(b) \circ \mathcal{F}(f)\big) && \text{naturalidad de } \boldsymbol{\alpha} \\
&= \big(\boldsymbol{\beta}(b) \circ \boldsymbol{\alpha}(b)\big) \circ \mathcal{F}(f) \\
&= (\boldsymbol{\beta} \circ_v \boldsymbol{\alpha})(b) \circ \mathcal{F}(f) && \text{definición}
\end{aligned}$$

El siguiente diagrama muestra a $\boldsymbol{\beta} \circ_v \boldsymbol{\alpha}$. En la categoría $\mathcal{B}$, el morfismo que va de $\mathcal{F}(a)$ a $\mathcal{H}(b)$ está dado por

$$\mathcal{H}(f) \circ (\boldsymbol{\beta}(a) \circ \boldsymbol{\alpha}(a)) = (\boldsymbol{\beta}(b) \circ \boldsymbol{\alpha}(b)) \circ \mathcal{F}(f)$$

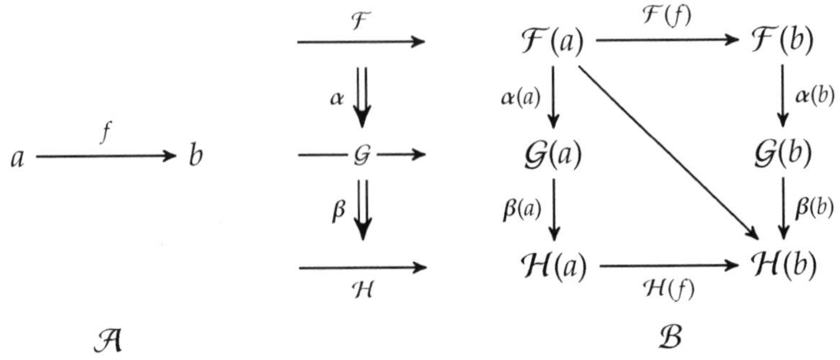

□

La segunda forma de componer transformaciones naturales, la composición horizontal, se define de la siguiente forma.

7.7.3 Definición (Composición horizontal de transformaciones naturales). Sean $\mathcal{A}$, $\mathcal{B}$, $\mathcal{C}$ categorías; $\mathcal{F}$, $\mathcal{G}$, $\mathcal{H}$, $\mathcal{K}$ funtores y $\boldsymbol{\alpha}$, $\boldsymbol{\beta}$ transformaciones naturales

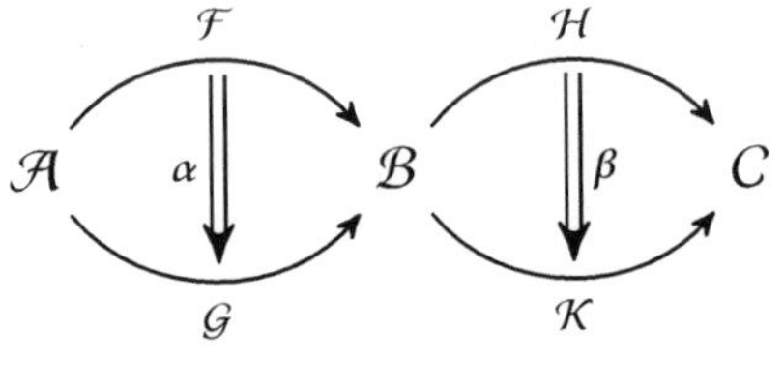

La transformación natural $\boldsymbol{\beta} \circ_h \boldsymbol{\alpha}$ con

$$\text{tipo}(\boldsymbol{\beta} \circ_h \boldsymbol{\alpha}) = \langle \mathcal{H} \mathbin{\mathring{\circ}} \mathcal{F}, \mathcal{K} \mathbin{\mathring{\circ}} \mathcal{G} \rangle$$

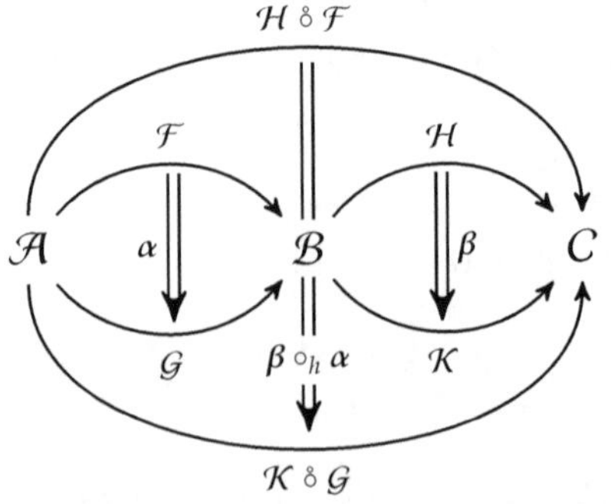

se define como

$$(\beta \circ_h \alpha)(a) = \mathcal{K}\alpha(a) \circ \beta\mathcal{F}(a) \qquad \text{para} \quad a \in \mathcal{A}_0$$

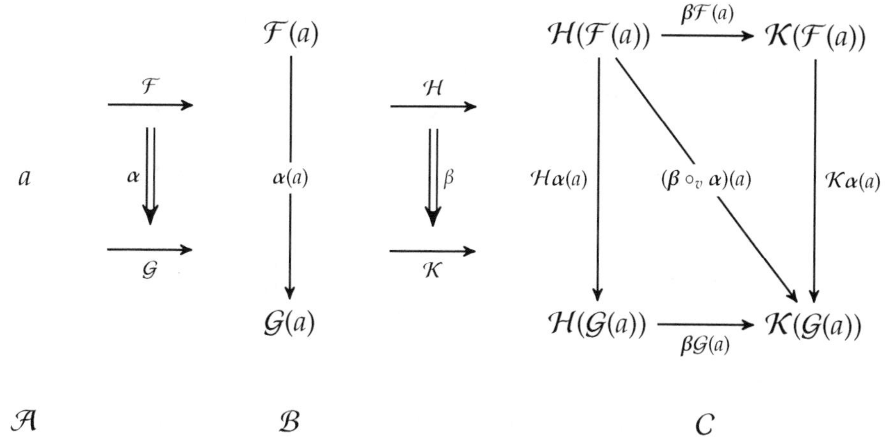

Con ayuda del diagrama podemos ver que, de manera equivalente, también podemos definir $\beta \circ_h \alpha$ como

$$(\beta \circ_h \alpha)(a) = \beta\mathcal{G}(a) \circ \mathcal{H}\alpha(a) \quad \text{para} \quad a \in \mathcal{A}_0$$

Ahora demostremos que $\beta \circ_h \alpha$ satisface la condición de naturalidad.

7.7.4 Teorema ($\beta \circ_h \alpha$ es transformación natural). La composición $\beta \circ_h \alpha$ de la definición 7.7.3, cuyo tipo es $\langle \mathcal{H} \mathbin{\mathring{\circ}} \mathcal{F}, \mathcal{K} \mathbin{\mathring{\circ}} \mathcal{G} \rangle$, satisface la condición de naturalidad, es decir, para todo $f \in \mathcal{A}_1$ con tipo$(f) = \langle a, b \rangle$,

$$(\mathcal{K} \mathbin{\mathring{\circ}} \mathcal{G})(f) \circ (\beta \circ_h \alpha)(a) \;=\; (\beta \circ_h \alpha)(b) \circ (\mathcal{H} \mathbin{\mathring{\circ}} \mathcal{F})(f)$$

Demostración. Como α es transformación natural, entonces para todo $f \in \mathcal{A}_1$ con tipo$(f) = \langle a, b \rangle$ tenemos

$$\mathcal{G}(f) \circ \alpha(a) = \alpha(b) \circ \mathcal{F}(f)$$

Como β es transformación natural, entonces para todo $f' \in \mathcal{B}_1$ con tipo$(f') = \langle a', b' \rangle$ tenemos

$$\mathcal{K}(f) \circ \beta(a) = \beta(b) \circ \mathcal{H}(f)$$

Como $\mathcal{K}$ es co-variante, entonces dados dos morfismos f', g' tales que exista $g' \circ f'$, tenemos

$$\mathcal{K}(g' \circ f') = \mathcal{K}(g') \circ \mathcal{K}(f')$$

Sea $f \in \mathcal{A}_1$ con tipo$(f) = \langle a, b \rangle$:

$$
\begin{aligned}
(\mathcal{K} \mathbin{\mathring{\circ}} \mathcal{G})(f) \circ (\beta \circ_h \alpha)(a) & \\
&= \mathcal{K}(\mathcal{G}(f)) \circ \mathcal{K}\alpha(a) \circ \beta\mathcal{F}(a) && \text{definición} \\
&= \mathcal{K}(\mathcal{G}(f)) \circ \mathcal{K}(\alpha(a)) \circ \beta(\mathcal{F}(a)) && \text{definición} \\
&= \mathcal{K}(\mathcal{G}(f) \circ \alpha(a)) \circ \beta(\mathcal{F}(a)) && \mathcal{K} \text{ es co-variante} \\
&= \mathcal{K}(\alpha(b) \circ \mathcal{F}(f)) \circ \beta(\mathcal{F}(a)) && \alpha \text{ es t. natural} \\
&= \mathcal{K}(\alpha(b)) \circ \mathcal{K}(\mathcal{F}(f)) \circ \beta(\mathcal{F}(a)) && \mathcal{K} \text{ es co-variante} \\
&= \mathcal{K}(\alpha(b)) \circ \big(\mathcal{K}(\mathcal{F}(f)) \circ \beta(\mathcal{F}(a))\big) && \\
&= \mathcal{K}(\alpha(b)) \circ \big(\beta(\mathcal{F}(b)) \circ \mathcal{H}(\mathcal{F}(f))\big) && \beta \text{ es t. natural} \\
&= \mathcal{K}(\alpha(b)) \circ \beta(\mathcal{F}(b)) \circ \mathcal{H}(\mathcal{F}(f)) && \\
&= \mathcal{K}\alpha(b) \circ \beta\mathcal{F}(b) \circ (\mathcal{H} \mathbin{\mathring{\circ}} \mathcal{F})(f) && \text{definición} \\
&= (\beta \circ_h \alpha)(b) \circ (\mathcal{H} \mathbin{\mathring{\circ}} \mathcal{F})(f) && \text{definición}
\end{aligned}
$$

El siguiente diagrama muestra a $\beta \circ_h \alpha$. El morfismo de $\mathcal{H}(\mathcal{F}(a))$ a $\mathcal{K}(\mathcal{G}(b))$ (que, por razones de espacio, no aparece en el diagrama) está dado por

$$\mathcal{K}(\mathcal{G}(f)) \circ \big(\mathcal{K}(\alpha(a)) \circ \beta(\mathcal{F}(a))\big) = \big(\mathcal{K}(\alpha(b)) \circ \beta(\mathcal{F}(b))\big) \circ \mathcal{H}(\mathcal{F}(f))$$

De hecho, dicho morfismo puede ser definido de muchas otras formas.

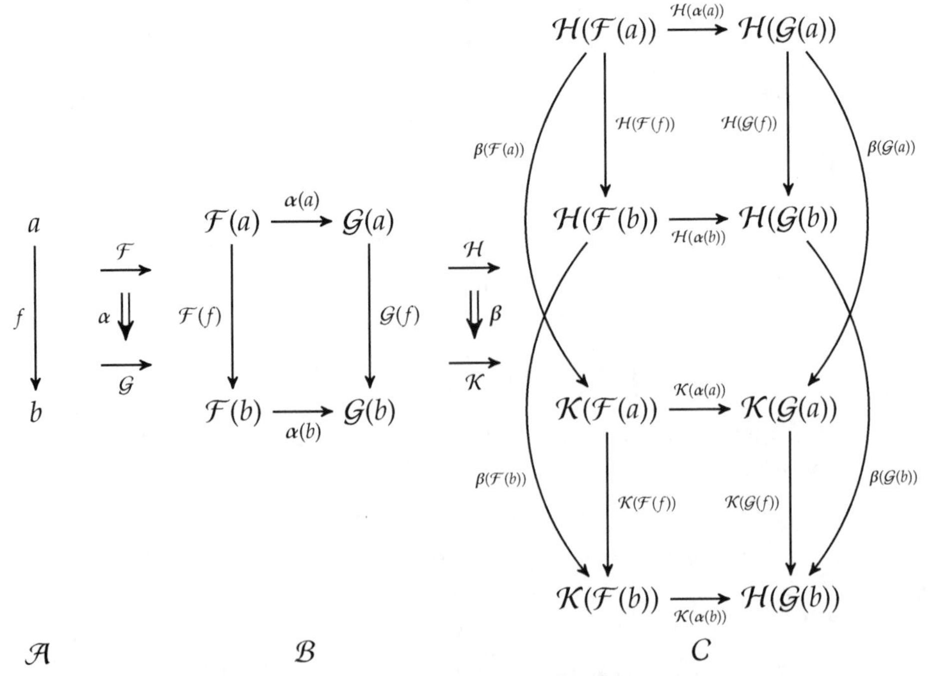

□

7.8. Cálculo de Godement

Mostraremos ahora algunas de las propiedades combinatorias básicas de funtores y de transformaciones naturales. Estas propiedades son conocidas como *Cálculo de Godement*. Los funtores considerados en esta sección también son funtores co-variantes; de la misma forma que en secciones anteriores, los resultados también pueden extenderse a funtores contravariantes.

Tenemos entonces diversas formas de componer funtores y transformaciones naturales. Hemos mencionado composición entre funtores, composición vertical y horizontal entre transformaciones naturales, composición entre funtor y transformación natural y composición entre transformación natural y funtor. Podemos combinar varios de los anteriores para obtener nuevas composiciones, algunas de las cuales son equivalentes entre si.

7.8.1 Teorema (Cinco reglas de Godement). Sean $\mathcal{A}1, \mathcal{A}2, \mathcal{A}3, \mathcal{A}4, \mathcal{A}5$ categorías; $\mathcal{E}, \mathcal{F}1, \mathcal{F}2, \mathcal{F}3, \mathcal{G}1, \mathcal{G}2, \mathcal{G}3, \mathcal{H}$ funtores y $\alpha, \beta, \gamma, \delta$ transformaciones naturales como lo muestra el siguiente diagrama:

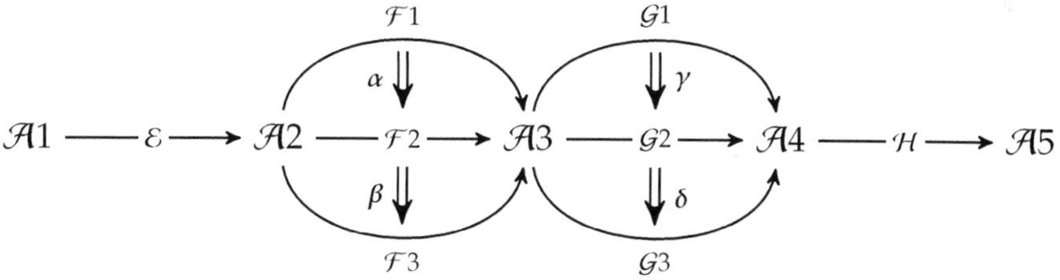

Observe como

$$\text{tipo}(\mathcal{E}) = \langle \mathcal{A}1, \mathcal{A}2 \rangle \qquad \text{tipo}(\mathcal{G}1) = \langle \mathcal{A}3, \mathcal{A}4 \rangle$$
$$\text{tipo}(\mathcal{G}2) = \langle \mathcal{A}3, \mathcal{A}4 \rangle$$
$$\text{tipo}(\mathcal{F}1) = \langle \mathcal{A}2, \mathcal{A}3 \rangle \qquad \text{tipo}(\mathcal{G}3) = \langle \mathcal{A}3, \mathcal{A}4 \rangle$$
$$\text{tipo}(\mathcal{F}2) = \langle \mathcal{A}2, \mathcal{A}3 \rangle$$
$$\text{tipo}(\mathcal{F}3) = \langle \mathcal{A}2, \mathcal{A}3 \rangle \qquad \text{tipo}(\mathcal{H}) = \langle \mathcal{A}4, \mathcal{A}5 \rangle$$

y además

$$\text{tipo}(\alpha) = \langle \mathcal{F}1, \mathcal{F}2 \rangle \qquad \text{tipo}(\gamma) = \langle \mathcal{G}1, \mathcal{G}2 \rangle$$
$$\text{tipo}(\beta) = \langle \mathcal{F}2, \mathcal{F}3 \rangle \qquad \text{tipo}(\delta) = \langle \mathcal{G}2, \mathcal{G}3 \rangle$$

Las siguientes cinco igualdades se cumplen.

1. $(\delta \circ_v \gamma) \circ_h (\beta \circ_v \alpha) = (\delta \circ_h \beta) \circ_v (\gamma \circ_h \alpha)$

2. $(\mathcal{H} \mathring{\circ} \mathcal{G}1)\alpha = \mathcal{H}(\mathcal{G}1\alpha)$

3. $\gamma(\mathcal{F}1 \mathring{\circ} E) = (\gamma\mathcal{F}1)\mathcal{E}$

4. $(\mathcal{G}1(\beta \circ_v \alpha))\mathcal{E} = ((\mathcal{G}1\beta)\mathcal{E}) \circ_v ((\mathcal{G}1\alpha)\mathcal{E})$

5. $\gamma \circ_h \alpha = (\gamma\mathcal{F}2) \circ_v (\mathcal{G}1\alpha) = (\mathcal{G}2\alpha) \circ_v (\gamma\mathcal{F}1)$

Demostración. Demostraremos, para cada igualdad, que las transformaciones naturales mencionadas son del mismo tipo y que, además, son equivalentes. En estas demostraciones, las indicaciones *"definición F-TN"* y *definición TN-F"* harán referencia a la definición de la composición entre un funtor y una transformación natural y a la definición de la composición entre una transformación natural y un funtor, respectivamente.

1.

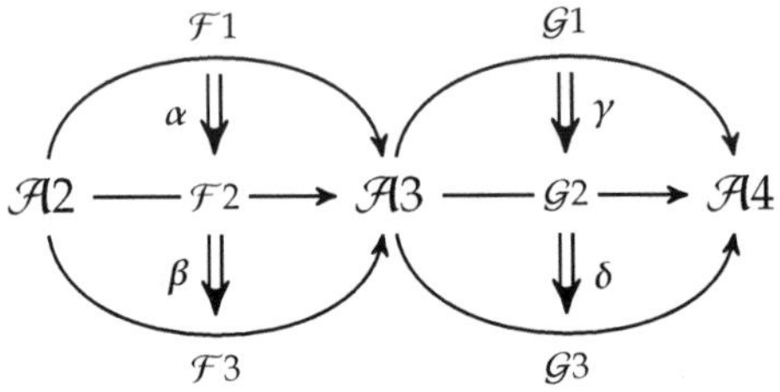

Por demostrar

$$(\delta \circ_v \gamma) \circ_h (\beta \circ_v \alpha) = (\delta \circ_h \beta) \circ_v (\gamma \circ_h \alpha)$$

Verifiquemos el tipo de ambas transformaciones naturales. Para el lado izquierdo de la igualdad tenemos

$$\text{tipo}(\delta \circ_v \gamma) = \langle \mathcal{G}1, \mathcal{G}3 \rangle \qquad \text{tipo}(\beta \circ_v \alpha) = \langle \mathcal{F}1, \mathcal{F}3 \rangle$$

y para el lado derecho

$$\text{tipo}(\delta \circ_h \beta) = \langle \mathcal{G}2 \mathring{\circ} \mathcal{F}2, \mathcal{G}3 \mathring{\circ} \mathcal{F}3 \rangle \quad \text{tipo}(\gamma \circ_h \alpha) = \langle \mathcal{G}1 \mathring{\circ} \mathcal{F}1, \mathcal{G}2 \mathring{\circ} \mathcal{F}2 \rangle$$

Por lo tanto tenemos

$$\text{tipo}\Big((\delta \circ_v \gamma) \circ_h (\beta \circ_v \alpha)\Big) = \langle \mathcal{G}1 \mathring{\circ} \mathcal{F}1, \mathcal{G}3 \mathring{\circ} \mathcal{F}3 \rangle$$
$$\text{tipo}\Big((\delta \circ_h \beta) \circ_v (\gamma \circ_h \alpha)\Big) = \langle \mathcal{G}1 \mathring{\circ} \mathcal{F}1, \mathcal{G}3 \mathring{\circ} \mathcal{F}3 \rangle$$

Debemos ahora probar la igualdad. Note que la composición horizontal entre δ y α existe y que, para cada objeto a de la categoría $\mathcal{A}2$, se define como $(\alpha \circ_h \delta)(a) = \mathcal{G}3\alpha(a) \circ \delta\mathcal{F}1(a)$ o, equivalentemente (ver definición 7.7.3), como $(\alpha \circ_h \delta)(a) = \delta\mathcal{F}2(a) \circ \mathcal{G}2\alpha(a)$.

Sea a un objeto de $\mathcal{A}2$. Entonces tenemos que

$$\begin{array}{lll}
\Big((\delta \circ_v \gamma) \circ_h (\beta \circ_v \alpha)\Big)(a) & & \\
\quad = \Big(\mathcal{G}3(\beta \circ_v \alpha)\Big)(a) \circ \Big((\delta \circ_v \gamma)\mathcal{F}1\Big)(a) & & \text{definición de } \circ_h \\
\quad = \mathcal{G}3((\beta \circ_v \alpha)(a)) \circ (\delta \circ_v \gamma)(\mathcal{F}1(a)) & & \text{definición F-TN y TN-F} \\
\quad = \mathcal{G}3(\beta(a) \circ \alpha(a)) \circ \delta(\mathcal{F}1(a)) \circ \gamma(\mathcal{F}1(a)) & & \text{definición de } \circ_v \\
\quad = \mathcal{G}3(\beta(a)) \circ \mathcal{G}3(\alpha(a)) \circ \delta(\mathcal{F}1(a)) \circ \gamma(\mathcal{F}1(a)) & & \mathcal{G}3 \text{ es co-variante} \\
\quad = \mathcal{G}3\beta(a) \circ \mathcal{G}3\alpha(a) \circ \delta\mathcal{F}1(a) \circ \gamma\mathcal{F}1(a) & & \text{definición F-TN y TN-F} \\
\quad = \mathcal{G}3\beta(a) \circ [\,\mathcal{G}3\alpha(a) \circ \delta\mathcal{F}1(a)\,] \circ \gamma\mathcal{F}1(a) & & \text{asociatividad} \\
\quad = \mathcal{G}3\beta(a) \circ [\,\delta\mathcal{F}2(a) \circ \mathcal{G}2\alpha(a)\,] \circ \gamma\mathcal{F}1(a) & & \text{definición de } \alpha \circ_h \delta \\
\quad = [\mathcal{G}3\beta(a) \circ \delta\mathcal{F}2(a)] \circ [\mathcal{G}2\alpha(a) \circ \gamma\mathcal{F}1(a)] & & \text{asociatividad} \\
\quad = (\delta \circ_h \beta)(a) \circ (\gamma \circ_h \alpha)(a) & & \text{definición de } \circ_h \\
\quad = \Big((\delta \circ_h \beta) \circ_v (\gamma \circ_h \alpha)\Big)(a) & & \text{definición de } \circ_v
\end{array}$$

2.

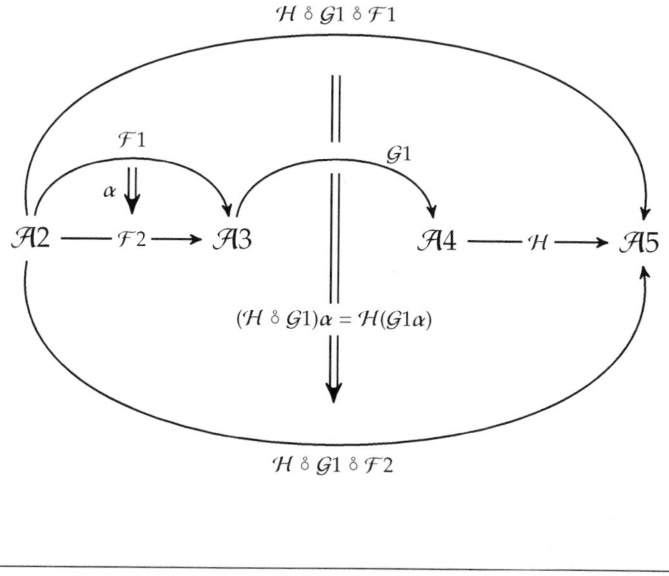

Por demostrar

$$(\mathcal{H} \fatsemi \mathcal{G}1)\alpha = \mathcal{H}(\mathcal{G}1\alpha)$$

Verifiquemos el tipo de ambas transformaciones naturales. Para el lado izquierdo tenemos que $\text{tipo}(\mathcal{H} \fatsemi \mathcal{G}1) = \langle \mathcal{A}3, \mathcal{A}5\rangle$, por lo que

$$\text{tipo}((\mathcal{H} \fatsemi \mathcal{G}1)\alpha) = \langle (\mathcal{H} \fatsemi \mathcal{G}1) \fatsemi \mathcal{F}1, (\mathcal{H} \fatsemi \mathcal{G}1) \fatsemi \mathcal{F}2\rangle$$

Para el lado derecho tenemos $\text{tipo}(\mathcal{G}1\alpha) = \langle \mathcal{G}1 \fatsemi \mathcal{F}1, \mathcal{G}1 \fatsemi \mathcal{F}2\rangle$, por lo que

$$\text{tipo}(\mathcal{H}(\mathcal{G}1\alpha)) = \langle \mathcal{H} \fatsemi (\mathcal{G}1 \fatsemi \mathcal{F}1), \mathcal{H} \fatsemi (\mathcal{G}1 \fatsemi \mathcal{F}2)\rangle$$

Dado que la composición de funtores es asociativa, entonces las dos transformaciones naturales tiene el mismo tipo.

Ahora, sea a un objeto de $\mathcal{A}2$. Entonces tenemos que

$$\begin{aligned}
\Big((\mathcal{H} \fatsemi \mathcal{G}1)\alpha\Big)(a) &= (\mathcal{H} \fatsemi \mathcal{G}1)(\alpha(a)) && \text{definición TN-F}\\
&= \mathcal{H}\Big(\mathcal{G}1(\alpha(a))\Big) && \text{definición } \fatsemi\\
&= \mathcal{H}\Big(\mathcal{G}1\alpha(a)\Big) && \text{definición TN-F}\\
&= \Big(\mathcal{H}(\mathcal{G}1\alpha)\Big)(a) && \text{definición TN-F}
\end{aligned}$$

3.

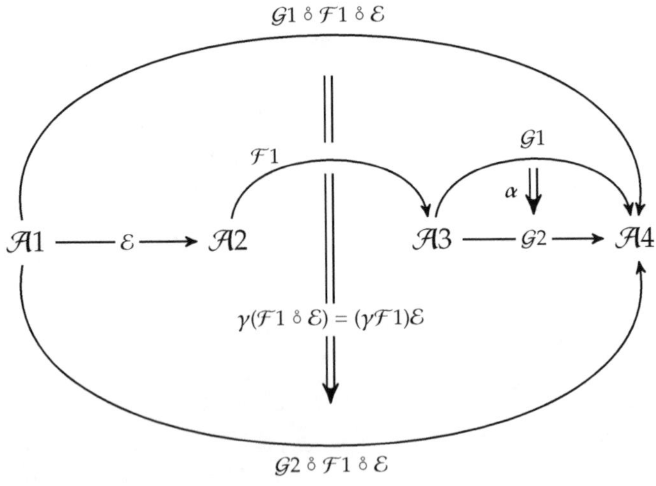

Por demostrar

$$\gamma(\mathcal{F}1 \,\mathring{\circ}\, E) = (\gamma\mathcal{F}1)\mathcal{E}$$

Para el tipo del lado izquierdo, tenemos que tipo$(\mathcal{F}1 \,\mathring{\circ}\, \mathcal{E}) = \langle \mathcal{A}1, \mathcal{A}3 \rangle$, por lo cual

$$\text{tipo}(\gamma(\mathcal{F}1 \,\mathring{\circ}\, \mathcal{E})) = \langle \mathcal{G}1 \,\mathring{\circ}\, (\mathcal{F}1 \,\mathring{\circ}\, \mathcal{E}), \mathcal{G}2 \,\mathring{\circ}\, (\mathcal{F}1 \,\mathring{\circ}\, \mathcal{E}) \rangle$$

En el lado derecho tenemos tipo$(\gamma\mathcal{F}1) = \langle \mathcal{G}1 \,\mathring{\circ}\, \mathcal{F}1, \mathcal{G}2 \,\mathring{\circ}\, \mathcal{F}1 \rangle$, lo que implica que

$$\text{tipo}((\gamma\mathcal{F}1)\mathcal{E}) = \langle (\mathcal{G}1 \,\mathring{\circ}\, \mathcal{F}1) \,\mathring{\circ}\, \mathcal{E}, (\mathcal{G}2 \,\mathring{\circ}\, \mathcal{F}1) \,\mathring{\circ}\, \mathcal{E} \rangle$$

Como en el inciso anterior, al ser la composición de funtores asociativa, las dos transformaciones naturales tiene el mismo tipo.

Ahora, sea a un objeto de $\mathcal{A}1$. Entonces

$$\begin{aligned}
\big(\gamma(\mathcal{F}1 \,\mathring{\circ}\, \mathcal{E})\big)(a) &= \gamma\big((\mathcal{F}1 \,\mathring{\circ}\, \mathcal{E})(a)\big) && \text{definición F-TN} \\
&= \gamma\big(\mathcal{F}1(\mathcal{E}(a))\big) && \text{definición } \mathring{\circ} \\
&= (\gamma\mathcal{F}1)(\mathcal{E}(a)) && \text{definición F-TN} \\
&= \big((\gamma\mathcal{F}1)\mathcal{E}\big)(a) && \text{definición F-TN}
\end{aligned}$$

4.

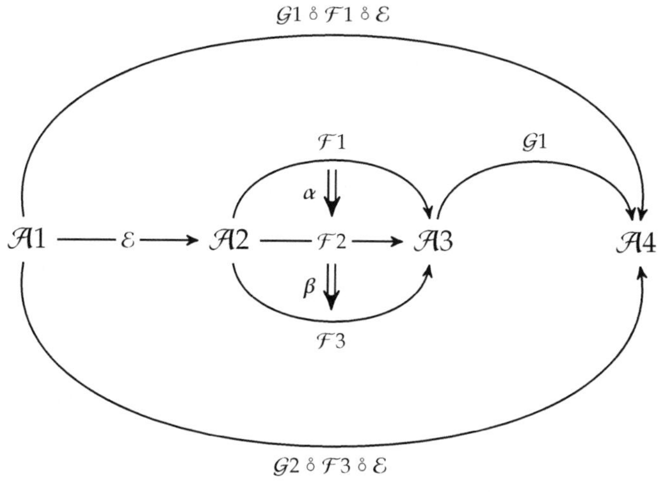

Por demostrar

$$(\mathcal{G}1(\beta \circ_v \alpha))\mathcal{E} = ((\mathcal{G}1\beta)\mathcal{E}) \circ_v ((\mathcal{G}1\alpha)\mathcal{E})$$

Verifiquemos el tipo. En el lado izquierdo tenemos tipo$(\beta \circ_v \alpha) = \langle \mathcal{F}1, \mathcal{F}3 \rangle$, por lo cual tipo$(\mathcal{G}1(\beta \circ_v \alpha)) = \langle \mathcal{G}1 \mathring{\circ} \mathcal{F}1, \mathcal{G}1 \mathring{\circ} \mathcal{F}3 \rangle$. Esto implica que

$$\text{tipo}\big((\mathcal{G}1(\beta \circ_v \alpha)\big)\mathcal{E}) = \langle (\mathcal{G}1 \mathring{\circ} \mathcal{F}1) \mathring{\circ} \mathcal{E}, (\mathcal{G}1 \mathring{\circ} \mathcal{F}3) \mathring{\circ} \mathcal{E} \rangle$$

En el lado derecho tenemos tipo$(\mathcal{G}1\beta) = \langle \mathcal{G}1 \mathring{\circ} \mathcal{F}2, \mathcal{G}1 \mathring{\circ} \mathcal{F}3 \rangle$, por lo cual tipo$((\mathcal{G}1\beta)\mathcal{E}) = \langle (\mathcal{G}1 \mathring{\circ} \mathcal{F}2) \mathring{\circ} \mathcal{E}, (\mathcal{G}1 \mathring{\circ} \mathcal{F}3) \mathring{\circ} \mathcal{E} \rangle$. También tenemos tipo$(\mathcal{G}1\alpha) = \langle \mathcal{G}1 \mathring{\circ} \mathcal{F}1, \mathcal{G}1 \mathring{\circ} \mathcal{F}2 \rangle$, por lo cual tipo$((\mathcal{G}1\alpha)\mathcal{E}) = \langle (\mathcal{G}1 \mathring{\circ} \mathcal{F}1) \mathring{\circ} \mathcal{E}, (\mathcal{G}1 \mathring{\circ} \mathcal{F}2) \mathring{\circ} \mathcal{E} \rangle$. Esto implica que

$$\text{tipo}((\mathcal{G}1\beta)\mathcal{E} \circ_v (\mathcal{G}1\alpha)\mathcal{E}) = \langle (\mathcal{G}1 \mathring{\circ} \mathcal{F}1) \mathring{\circ} \mathcal{E}, (\mathcal{G}1 \mathring{\circ} \mathcal{F}3) \mathring{\circ} \mathcal{E} \rangle$$

Con lo anterior demostramos que ambas transformaciones naturales tienen el mismo tipo.

Sea a un objeto de $\mathcal{A}1$. Entonces

$$\begin{aligned}
\big((\mathcal{G}1(\beta \circ_v \alpha))\mathcal{E}\big)(a) &= \big(\mathcal{G}1(\beta \circ_v \alpha)\big)(\mathcal{E}(a)) && \text{definición F-TN}\\
&= \mathcal{G}1\big((\beta \circ_v \alpha)(\mathcal{E}(a))\big) && \text{definición TN-F}\\
&= \mathcal{G}1\big(\beta(\mathcal{E}(a)) \circ \alpha(\mathcal{E}(a))\big) && \text{definición } \circ_v\\
&= \mathcal{G}1\big(\beta(\mathcal{E}(a))\big) \circ \mathcal{G}1\big(\alpha(\mathcal{E}(a))\big) && \mathcal{G}1 \text{ es co-variante}\\
&= (\mathcal{G}1\beta)(\mathcal{E}(a)) \circ (\mathcal{G}1\alpha)(\mathcal{E}(a)) && \text{definición TN-F}\\
&= \big((\mathcal{G}1\beta)\mathcal{E}\big)(a) \circ \big((\mathcal{G}1\alpha)\mathcal{E}\big)(a) && \text{definición F-TN}\\
&= \big((\mathcal{G}1\beta)\mathcal{E} \circ_v (\mathcal{G}1\alpha)\mathcal{E}\big)(a) && \text{definición } \circ_v
\end{aligned}$$

5.

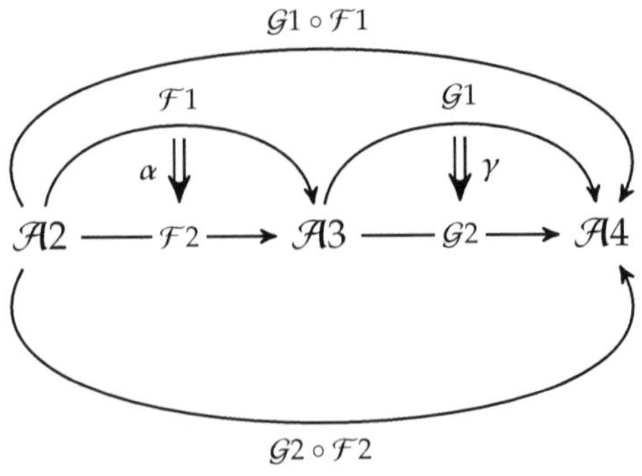

Por demostrar

$$\gamma \circ_h \alpha = (\gamma\mathcal{F}2) \circ_v (\mathcal{G}1\alpha) = (\mathcal{G}2\alpha) \circ_v (\gamma\mathcal{F}1)$$

Verifiquemos ahora los tipos de las transformaciones naturales. Primero, el de la primera de ellas:

$$\text{tipo}(\gamma \circ_h \alpha) = \langle \mathcal{G}1 \mathbin{\mathring{\circ}} \mathcal{F}1, \mathcal{G}2 \mathbin{\mathring{\circ}} \mathcal{F}2 \rangle$$

Para la segunda transformación natural tenemos $\text{tipo}(\gamma\mathcal{F}2) = \langle \mathcal{G}1 \mathbin{\mathring{\circ}} \mathcal{F}2, \mathcal{G}2 \mathbin{\mathring{\circ}} \mathcal{F}2 \rangle$ y $\text{tipo}(\mathcal{G}1\alpha) = \langle \mathcal{G}1 \mathbin{\mathring{\circ}} \mathcal{F}1, \mathcal{G}1 \mathbin{\mathring{\circ}} \mathcal{F}2 \rangle$, de lo cual se sigue que

$$\text{tipo}((\gamma\mathcal{F}2) \circ_v (\mathcal{G}1\alpha)) = \langle \mathcal{G}1 \mathbin{\mathring{\circ}} \mathcal{F}1, \mathcal{G}2 \mathbin{\mathring{\circ}} \mathcal{F}2 \rangle$$

Para la tercera, a partir de $\text{tipo}(\mathcal{G}2\alpha) = \langle \mathcal{G}2 \mathbin{\mathring{\circ}} \mathcal{F}1, \mathcal{G}2 \mathbin{\mathring{\circ}} \mathcal{F}2 \rangle$ y $\text{tipo}(\gamma\mathcal{F}1) = \langle \mathcal{G}1 \mathbin{\mathring{\circ}} \mathcal{F}1, \mathcal{G}2 \mathbin{\mathring{\circ}} \mathcal{F}1 \rangle$ obtenemos

$$\text{tipo}((\mathcal{G}2\alpha) \circ_v (\gamma\mathcal{F}1)) = \langle \mathcal{G}1 \mathbin{\mathring{\circ}} \mathcal{F}1, \mathcal{G}2 \mathbin{\mathring{\circ}} \mathcal{F}2 \rangle$$

Las tres transformaciones naturales tienen, por lo tanto, el mismo tipo.

Sea a un objeto de $\mathcal{A}2$. Entonces

$$\begin{aligned} (\gamma \circ_h \alpha)(a) &= (\gamma\mathcal{F}2)(a) \circ (\mathcal{G}1\alpha)(a) && \text{definición } \circ_h \\ &= \big((\gamma\mathcal{F}2) \circ_v (\mathcal{G}1\alpha)\big)(a) && \text{definición } \circ_v \end{aligned}$$

y también

$$\begin{aligned} (\gamma \circ_h \alpha)(a) &= (\mathcal{G}2\alpha)(a) \circ (\gamma\mathcal{F}1)(a) && \text{definición } \circ_h \\ &= \big((\mathcal{G}2\alpha) \circ_v (\gamma\mathcal{F}1)\big)(a) && \text{definición } \circ_v \end{aligned}$$

□

7.9. Notas

Capítulo 8
Ejemplos de Categorías

En el presente capítulo presentamos ejemplos de categorías.

8.1. Algunas categorías simples

La categoría **1** tiene un solo objeto $(\bullet)$ y un solo morfismo $(\mathrm{Id}_\bullet)$:

8.2. Conjuntos como objetos

Existen muchas categorías que tienen como objetos a conjuntos. Presentamos aquí algunas de ellas.

8.2.1. Categoría de conjuntos con relaciones

En la 1-gráfica **Rel**, cada objeto es un conjunto y existe un morfismo f del conjunto A al conjunto B si y solo si existe una relación binaria R_f entre A y B.

Esta estructura **Rel** es, además, una 1-gráfica *reflexiva*, ya que para todo conjunto A podemos definir la relación R_A de la siguiente forma:

$$\mathrm{R}_A = \{\, (a,a) \mid a \in A \,\}$$

Aún mas. La estructura **Rel** es, además, una categoría ya que:

1. Si existen dos morfismos f, g tales que destino(f) = origen(g), entonces existen dos relaciones R_f y R_g. Podemos por lo tanto, definir la relación $\mathrm{R}_g \circ \mathrm{R}_f$ como

$$(\mathrm{R}_g \circ \mathrm{R}_f) = \{\, (a, c) \mid (a, b) \in \mathrm{R}_f \ \wedge (b, c) \in \mathrm{R}_g \,\}$$

Al existir esta relación, existe entonces un morfismo denotado como $g \circ f$ que va del origen de f al destino de g.

2. Esta composición entre relaciones es asociativa; si existen tres morfismos f, g, h tales que tipo(f) = $\langle A, B\rangle$, tipo(g) = $\langle B, C\rangle$, tipo(h) = $\langle C, D\rangle$, entonces existen tres relaciones $\mathrm{R}_f, \mathrm{R}_g, \mathrm{R}_h$. Para $a \in A, b \in B, c \in C$ y $d \in D$, tenemos que:

$$\begin{aligned}(a, d) \in ((\mathrm{R}_h \circ \mathrm{R}_g) \circ \mathrm{R}_f) &\iff (a, b) \in \mathrm{R}_f \wedge (b, d) \in (\mathrm{R}_h \circ \mathrm{R}_g)\\ &\iff (a, b) \in \mathrm{R}_f \wedge (b, c) \in \mathrm{R}_g \wedge (c, d) \in \mathrm{R}_h\\ &\iff (a, c) \in (\mathrm{R}_g \circ \mathrm{R}_f) \wedge (c, d) \in \mathrm{R}_h\\ &\iff (a, d) \in (\mathrm{R}_h \circ (\mathrm{R}_g \circ \mathrm{R}_f))\end{aligned}$$

3. Existe la composición con la identidad. Si tenemos dos morfismos f, g tales que tipo(f) = $\langle A, B\rangle$ y tipo(g) = $\langle B, C\rangle$, entonces:

$$\begin{aligned}(a, b) \in (\mathrm{R}_B \circ \mathrm{R}_f) &\iff (a, b) \in \mathrm{R}_f \wedge (b, b) \in \mathrm{R}_B\\ &\iff (a, b) \in \mathrm{R}_f\end{aligned}$$

y

$$\begin{aligned}(b, c) \in (\mathrm{R}_g \circ \mathrm{R}_B) &\iff (b, b) \in \mathrm{R}_B \wedge (b, c) \in \mathrm{R}_g\\ &\iff (b, c) \in \mathrm{R}_g\end{aligned}$$

8.2.2. Categoría de conjuntos con funciones

La categoría en la cual cada objeto es un conjunto y cada morfismo una función entre conjuntos se denota como **Set** y se conoce como *categoría de conjuntos*. A fin poder afirmar que **Set** es una categoría, debemos mostrar que cumple con la definición de categoría. En otras palabras, debemos mostrar que **Set** es una 1-gráfica reflexiva que cumple con las propiedades indicadas en 7.2.1.

La estructura **Set** es una 1-gráfica, en la cual cada objeto es un conjunto, y cada morfismo de un objeto A a un objeto B es una función entre dichos objetos. La 1-gráfica **Set** es una gráfica reflexiva; para cada conjunto A, existe la función identidad $\mathrm{Id}_A : A \to A$ definida como $\mathrm{Id}_A(a) = a$ para todo $a \in A$.

La 1-gráfica reflexiva **Set** es una categoría, ya que:

1. Dadas dos funciones f, g tales que destino(f) = origen g, existe una función denotada como $g \circ f$ que va de origen(f) a destino(g). Esta función, llamada la *composición de f con g* se define como

$$(g \circ f)(a) = g(f(a))$$

para todo elemento $a \in$ origen(f).

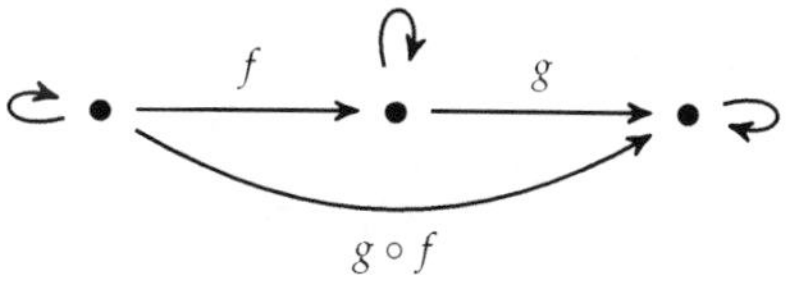

2. Esta composición es asociativa. Sean f, g, h tres funciones tales que destino(f) = origen(g) y destino(g) = origen(h). Entonces, para todo $a \in$ origen(f):

$$\begin{aligned}(h \circ (g \circ f))(a) &= h(g(f(a))) \\ &= ((h \circ g) \circ f)(a)\end{aligned}$$

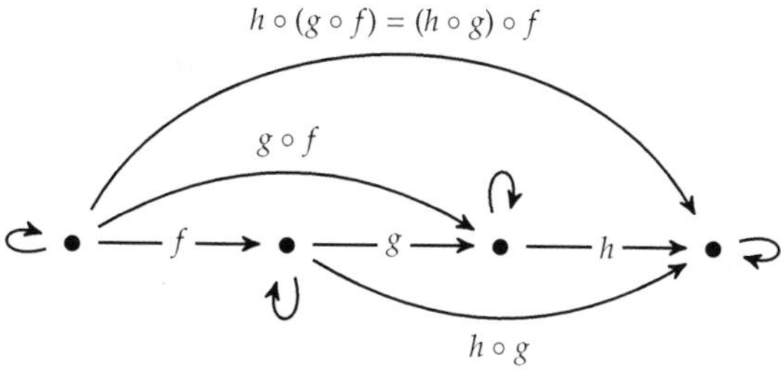

3. La función identidad se puede componer con otras funciones. Sean f, g dos funciones tales que

$$\text{destino}(f) = B = \text{origen}(g)$$

Entonces para todo $a \in$ origen(g)

$$\begin{aligned}(\mathrm{Id}_B \circ f)(a) &= \mathrm{Id}_B(f(a)) \\ &= f(a)\end{aligned}$$

y para todo $a' \in$ origen(g)

$$\begin{aligned}(g \circ \mathrm{Id}_B)(a') &= (g(\mathrm{Id}_B(a))) \\ &= g(a)\end{aligned}$$

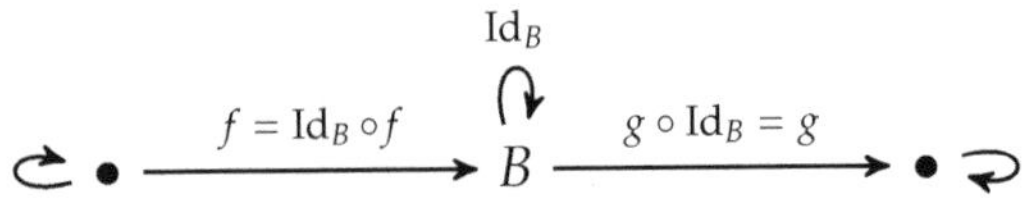

La estructura **Set** es, por lo tanto, una categoría.

8.2.3. Conjuntos con funciones parciales

En la categoría **Par**, los morfismos son funciones parciales. Una función parcial $f : A \to B$ es una función que está definida tan solo para un subconjunto A_0 de A.

En **Par**, existe el morfismo identidad, ya que para cualquier conjunto A existe una función parcial $\mathrm{Id}_A : A \to A$ que está definida sobre A_0.

Existe también la composición. Sean $f : A \to B$ y $g : B \to C$ dos funciones parciales definidas sobre A_0 y B_0 respectivamente; entonces existe la composición $g \circ f : A \to C$ que está definida sobre el conjunto

$$A' = \{\, a \in A_0 \mid f(a) \in B_0 \,\}$$

de manera que $(g \circ f)(a) = g(f(a))$ para todo $a \in A'$

Finalmente, sean $f : A \to B$, $g : B \to C$ y $h : C \to D$ tres funciones parciales definidas sobre A_0, B_0 y C_0 respectivamente; a fin de probar que esta composición es asociativa, es necesario probar que $(h \circ g) \circ f$ y $h \circ (g \circ f)$ están definidas sobre el mismo conjunto y que $((h \circ g) \circ f)(a) = (h \circ (g \circ f))(a)$ para cualquier a en dicho conjunto. Para esto, nótese que $(h \circ g)$ está definida sobre

$$B' = \{\, b \in B_0 \mid g(b) \in C_0 \,\}$$

por lo que $(h \circ g) \circ f$ está definida sobre

$$\{\, a \in A_0 \mid f(a) \in B' \,\} = \{\, a \in A_0 \mid g(f(a)) \in C_0 \,\}$$

Por otro lado, $g \circ f$ está definida sobre

$$A' = \{ a \in A_0 \mid f(a) \in B_0 \}$$

por lo que $h \circ (g \circ f)$ está definida sobre

$$\{ a \in A' \mid (g \circ f)(a) \in C_0 \} = \{ a \in A_0 \mid g(f(a)) \in C_0 \}$$

Ambas funciones están definidas entonces sobre el mismo conjunto. Además,

$$\begin{aligned}(h \circ (g \circ f))(a) &= h(g(f(a))) \\ &= ((h \circ g) \circ f)(a)\end{aligned}$$

Finalmente, esta composición es asociativa con la identidad, tal y como se probo en al inicio de esta misma sección.

8.2.4. Conjuntos con funciones inyectivas

Una función inyectiva $f : A \to B$ es una función tal que, si para $a_1, a_2 \in A$ tenemos que $f(a_1) = f(a_2)$, entonces $a_1 = a_2$. En la categoría **Iny**, los objetos son conjuntos y los morfismos son funciones inyectivas.

Para todo conjunto A, la función identidad $\mathrm{Id}_A : A \to A$ definida para todo $a \in A$ como $\mathrm{Id}(a) = a$ es claramente inyectiva.

$$\mathrm{Id}(a_1) = \mathrm{Id}(a_2) \ \Rightarrow\ a_1 = a_2 \qquad \text{definición de Id}$$

Además, la composición de dos funciones inyectivas es también una función inyectiva. Si tenemos dos funciones inyectivas $f : A \to B$ y $g : B \to C$, entonces:

$$\begin{aligned}(g \circ f)(a_1) = (g \circ f)(a_2) &\Rightarrow g(f(a_1)) = g(f(a_2)) && \text{definición composición} \\ &\Rightarrow f(a_1) = f(a_2) && g \text{ es inyectiva} \\ &\Rightarrow a_1 = a_2 && f \text{ es inyectiva}\end{aligned}$$

La composición es asociativa entre si y con la identidad, como se ha demostrado anteriormente.

8.2.5. Categoría de conjuntos parcialmente ordenados

Recordemos que un conjunto parcialmente ordenado es un conjunto en el cual existe un orden parcial (una relación reflexiva, transitiva y antisimétrica) entre sus elementos. Los conjuntos parcialmente ordenados forman una categoría, que denotaremos como **Pos**.

En esta categoría, cada objeto es un conjunto parcialmente ordenado y existe un morfismo f de un conjunto A a un conjunto B si y solo si existe una función monótona M_f de A hacia B. Recordemos también que una función monótona entre dos conjuntos parcialmente ordenados A y B es una función $m : A \to B$ tal que para todo $a_1, a_2 \in A$, si $a_1 \leq_A a_2$ entonces $m(a_1) \leq_B m(a_2)$, donde $\leq_A$ y $\leq_B$ son los ordenes parciales de A y B, respectivamente.

Demostraremos ahora que **Pos** es, efectivamente, una categoría. En el párrafo anterior hemos establecido que **Pos** es una 1-gráfica. Ahora, **Pos** es, además, una 1-gráfica reflexiva, ya que dado un conjunto parcialmente ordenado A existe la función $id_A : A \to A$ definida como $id_A(a) = a$ para $a \in A$. Esta función es claramente monótona, por lo que para todo objeto en A en **Pos** existe un morfismo con tipo $\langle A, A \rangle$.

Ahora, **Pos** es una categoría, ya que:

1. Sean f, g dos morfismos en **Pos** tales que destino(f) = origen(g). Entonces existen dos funciones monótonas M_f y M_g, cuyos dominios serán denotados como A y B, y cuyos contradominios serán denotados como B y C, respectivamente ($\mathrm{M}_f : A \to B$ y $\mathrm{M}_g : B \to C$). La composición entre ellas, $\mathrm{M}_g \circ \mathrm{M}_f : A \to C$, definida como $(g \circ f)(a) = g(f(a))$ para $a \in A$, es también monótona ya que para todo $a_1, a_2 \in A$:

$$\begin{array}{rcll} a_1 \leq a_2 & \Rightarrow & \mathrm{M}_f(a_1) \leq \mathrm{M}_f(a_2) & \mathrm{M}_f \text{ es monótona} \\ & \Rightarrow & \mathrm{M}_g(\mathrm{M}_f(a_1)) \leq \mathrm{M}_g(\mathrm{M}_f(a_2)) & \mathrm{M}_g \text{ es monótona} \\ & \Rightarrow & (\mathrm{M}_g \circ \mathrm{M}_f)(a_1) \leq (\mathrm{M}_g \circ \mathrm{M}_f)(a_2) & \text{definición de } \mathrm{M}_g \circ \mathrm{M}_f \end{array}$$

   Como $\mathrm{M}_g \circ \mathrm{M}_f$ es monótona, existe un morfismo denotado como $g \circ f$ que va del origen de f al destino de g.

2. Sean f, g, h tres morfismos en **Pos** tales que destino(f) = origen(g) y destino(g) = origen(h). Entonces existen tres funciones monótonas M_f, M_g y M_h cuyos dominios serán denotados como A, B, C y cuyos contradominios serán denotados como B,C, D. Entonces

$$\begin{array}{rcl} (h \circ (g \circ f))(a) & = & h(g(f(a))) \\ & = & ((h \circ g) \circ f)(a) \end{array}$$

3. Sean f, g dos morfismos en **Pos** tales que destino(f) = B = origen(g). Entonces para todo $a \in$ origen(g)

$$\begin{aligned}(\mathrm{Id}_A \circ g)(a) &= \mathrm{Id}_A(g(a)) \\ &= g(a)\end{aligned}$$

y para todo $a' \in$ origen(h)

$$\begin{aligned}(h \circ \mathrm{Id}_A)(a') &= (h(\mathrm{Id}_A(a))) \\ &= h(a)\end{aligned}$$

Pos forma entonces una categoría en la cual cada objeto es un conjunto parcialmente ordenado y cada morfismo es una función monótona.

8.3. Categoría de conjunto preordenado

Cualquier conjunto preordenado, es decir, un conjunto sobre el cual está definido un preorden, define también una categoría.

Sea A un conjunto y sea $\leq$ un preorden (una relación reflexiva y transitiva) definido entre sus elementos. Esta estructura, que denotaremos como $(A, \leq)$, es una 1-gráfica en la cual los objetos son los elementos de A, y hay un morfismo f de a hacia b (tipo$(f) = \langle a, b\rangle$) si y solo si $a \leq b$. Esta 1-gráfica es, además, reflexiva ya que al ser $\leq$ una relación reflexiva, $a \leq a$ para todo $a \in A$, por lo que existe el morfismo Id_a con tipo tipo$(\mathrm{Id}_a) = \langle a, a\rangle$ para todo objeto a. Note que, dados dos objetos a, b de $(A, \leq)$, existe a lo mas un morfismo entre ellos, dependiendo de si $a \leq b$ o no.

Demostremos ahora que $\mathcal{A}$ es una categoría:

1. Si tenemos dos morfismos f, g tales que tipo$(f) = \langle a, b\rangle$ y tipo$(g) = \langle b, c\rangle$, entonces $a \leq b$ y $b \leq c$. Como $\leq$ es transitiva, entonces $a \leq c$ por lo cual existe el morfismo $g \circ f$ tal que tipo$(g \circ f) = \langle a, c\rangle$.

2. Si tenemos tres morfismos f, g, h tales que tipo$(f) = \langle a, b\rangle$, tipo$(g) = \langle b, c\rangle$ y tipo$(h) = \langle c, d\rangle$, entonces $a \leq b, b \leq c$ y $c \leq d$. Por lo tanto, existen $g \circ f$ (tipo$(g \circ f) = \langle a, c\rangle$) y $h \circ (g \circ f)$ (tipo$(h \circ (g \circ f)) = \langle a, c\rangle$), y también existen $h \circ g$ ((tipo$(h \circ g) = \langle b, d\rangle$)) y $(h \circ g) \circ f$ (tipo$((h \circ g) \circ f) = \langle a, c\rangle$). Dado que para cualquier par de objetos en $(A, \leq)$ existe a lo mas un morfismo entre ellos, entonces

$$h \circ (g \circ f) = (h \circ g) \circ f$$

3. Sean f, g dos morfismos tales que tipo$(f) = \langle a, b\rangle$ y tipo$(g) = \langle b, c\rangle$. Entonces existen los morfismos $\mathrm{Id}_b \circ f$ (tipo$(\mathrm{Id}_b \circ f) = \langle a, b\rangle$) y $g \circ \mathrm{Id}_b$

(tipo($g \circ \mathrm{Id}_b$) = $\langle b, c\rangle$). Como en el punto anterior, dados dos objetos en $(A, \leq)$, existe a lo mas un morfismo entre ellos, por lo cual

$$\mathrm{Id}_b \circ f = f \qquad \text{y} \qquad g \circ \mathrm{Id}_b = g$$

8.4. Categoría de gráficas

La 1-gráfica **Grf**, que tiene gráficas (1-gráficas) como objetos y homomorfismos entre gráficas como morfismos, es una categoría.

Recordemos que una gráfica **G** está formada por un conjunto de vértices $\mathbf{G}_0$ y un conjunto de aristas $\mathbf{G}_1$ de tal forma que cada arista f tiene asignado un vértice origen origen(f) y un vértice destino destino(f). Un homomorfismo $F : \mathbf{G} \to \mathbf{H}$ es un 1-pre-funtor co-variante entre **G** y **H**, es decir, dos mapeos

$$F_0 : \mathbf{G}_0 \to \mathbf{H}_0 \quad \text{y} \quad F_1 : \mathbf{G}_1 \to \mathbf{H}_1$$

tales que si tipo(f) = $\langle a, b\rangle$ para un arista $f \in \mathbf{G}_1$, entonces tipo($F_1(f)$) = $\langle F_0(a), F_0(b)\rangle$.

Esta 1-gráfica **Grf** es reflexiva, ya que para cada gráfica **G** existe el homomorfismo identidad $I_{\mathbf{G}} : \mathbf{G} \to \mathbf{G}$ definido como

$$\begin{array}{ll} I_{\mathbf{G}_0}(a) = a & \text{para todo vértice } a \text{ de } \mathbf{G} \\ I_{\mathbf{G}_1}(f) = f & \text{para todo arista } f \text{ de } \mathbf{G} \end{array}$$

Ahora, dados dos homomorfismos F y E que cumplen destino(F) = origen(E), podemos definir la composición de F y E, $E \circ F$, como

$$\begin{array}{ll} (E \circ F)_0(a) = E_0(F_0(a)) & \text{para todo vértice } a \text{ en origen}(F) \\ (E \circ F)_1(f) = E_1(F_1(f)) & \text{para todo arista } f \text{ en origen}(F) \end{array}$$

Esta composición es un homomorfismo, ya que si tipo(f) = $\langle a, b\rangle$ para un arista f en origen(F), entonces

$$\begin{array}{ll} \text{tipo}(F_1(f)) = \langle F_0(a), F_0(b)\rangle & F \text{ es homomorfismo} \\ \text{tipo}(E_1(F_1(f))) = \langle E_0(F_0(a)), E_0(F_0(b))\rangle & E \text{ es homomorfismo} \\ \text{tipo}((E \circ F)_1(f)) = \langle (E \circ F)_0(a), (E \circ F)_0(b)\rangle & \text{definición de } E \circ F \end{array}$$

La composición entre homomorfismos es asociativa. Sean $F : \mathbf{G} \to \mathbf{H}$, $E : \mathbf{H} \to \mathbf{J}$, $D : \mathbf{J} \to \mathbf{K}$ tres homomorfismos; entonces para todo $a \in \mathbf{G}_0$

$$\begin{aligned}((D \circ E) \circ F)_0(a) &= (D \circ E)_0(F_0(a)) && \text{definición de composición}\\ &= D_0(E_0(F_0(a))) && \text{definición de composición}\\ &= D_0((E \circ F)_0(a)) && \text{definición de composición}\\ &= (D \circ (E \circ F))_0(a) && \text{definición de composición}\end{aligned}$$

y para todo $f \in \mathbf{G}_1$

$$\begin{aligned}((D \circ E) \circ F)_1(f) &= (D \circ E)_1(F_1(f)) && \text{definición de composición}\\ &= D_1(E_1(F_1(f))) && \text{definición de composición}\\ &= D_1((E \circ F)_1(f)) && \text{definición de composición}\\ &= (D \circ (E \circ F))_1(f) && \text{definición de composición}\end{aligned}$$

Finalmente, si tenemos dos homomorfismos $F : \mathbf{G} \to \mathbf{H}, E : \mathbf{H} \to \mathbf{J}$, entonces para todo $a \in \mathbf{G}_0$

$$\begin{aligned}(I_{\mathbf{H}} \circ F)_0(a) &= I_{\mathbf{H}_0}(F_0(a)) && \text{definición de composición}\\ &= F_0(a) && \text{definición de } I_{\mathbf{H}_0}\end{aligned}$$

y para todo $f \in \mathbf{G}_1$

$$\begin{aligned}(I_{\mathbf{H}} \circ F)_1(f) &= I_{\mathbf{H}_1}(F_1(f)) && \text{definición de composición}\\ &= F_1(f) && \text{definición de } I_{\mathbf{H}_1}\end{aligned}$$

Por otro lado, para todo $a' \in \mathbf{H}_0$

$$\begin{aligned}(E \circ I_{\mathbf{H}})_0(a') &= E_0(I_{\mathbf{H}_0}(a')) && \text{definición de composición}\\ &= E_0(a') && \text{definición de } I_{\mathbf{H}_0}\end{aligned}$$

y para todo $f' \in \mathbf{H}_1$

$$\begin{aligned}(E \circ I_{\mathbf{H}})_1(f') &= E_1(I_{\mathbf{H}_1}(f')) && \text{definición de composición}\\ &= E_1(f') && \text{definición de } I_{\mathbf{H}_1}\end{aligned}$$

Grf es, por lo tanto, una categoría.

8.5. Caminos en una gráfica

Dada una gráfica **G**, un camino p de v_i a v_j en **G** es una secuencia $p = v_i \cdots v_j$ de vértices de **G**, de tal forma que por cada subsecuencia $v_k v_m$ que aparece en p existe una arista de v_k a v_m en **G**.

Si **G** es una gráfica reflexiva, entonces existe la categoría $\mathbf{Pat}_\mathrm{G}$. Los objetos de $\mathbf{Pat}_\mathrm{G}$ son los vértices de **G**, y existe un morfismo f del vértice v_i al vértice v_j si y solo si existe un camino $\mathrm{P}_f = v_i \cdots v_j$. Para todo vértice v_i, el camino formado por la arista de v_i a v_i (**G** es reflexiva) será denotado como P_{v_i}:

$$\mathrm{P}_{v_i} = v_i v_i$$

Probemos que $\mathbf{Pat}_\mathrm{G}$ es una categoría.

1. Si existen en $\mathbf{Pat}_\mathrm{G}$ dos morfismos f, g tales que tipo(f) $= \langle v_i, v_j \rangle$ y tipo(g) $= \langle v_j, v_k \rangle$, entonces existen dos caminos $\mathrm{P}_f = v_i \cdots v_k$ y $\mathrm{P}_g = v_j \cdots v_k$. Existe entonces un camino $\mathrm{P}_{g \circ f}$ definido como

$$\mathrm{P}_{g \circ f} = v_i \cdots v_j \cdots v_k$$

Por lo tanto, existe un morfismo $g \circ f$ con tipo $\langle v_i, v_k \rangle$.

2. Sean f, g, h tres morfismos tales que tipo(f) $= \langle v_i, v_j \rangle$, tipo($g$) $= \langle v_j, v_k \rangle$ y tipo(h) $= \langle v_k, v_l \rangle$. Por lo tanto existen tres caminos $\mathrm{P}_f = v_i \cdots v_j$, $\mathrm{P}_g = v_j \cdots v_k$ y $\mathrm{P}_h = v_k \cdots v_m$. Entonces

$$\begin{aligned}
(\mathrm{P}_h \circ \mathrm{P}_g) \circ \mathrm{P}_f &= (v_j \cdots v_k \cdots v_m) \circ (v_i \cdots v_j) && \text{def. de composición} \\
&= v_i \cdots v_j \cdots v_k \cdots v_m && \text{def. de composición} \\
&= (v_k \cdots v_m) \circ (v_i \cdots v_j \cdots v_k) && \text{def. de composición} \\
&= \mathrm{P}_h \circ (\mathrm{P}_g \circ \mathrm{P}_f) && \text{def. de composición}
\end{aligned}$$

Por lo tanto, los morfismos $(h \circ g) \circ f$ y $h \circ (g \circ f)$ son iguales.

3. Finalmente, sean f, g dos morfismos para los cuales tipo(f) $= \langle v_i, v_j \rangle$, tipo($g$) $= \langle v_j, v_k \rangle$, y sean $\mathrm{P}_f, \mathrm{P}_g$ los caminos correspondientes:

$$\begin{aligned}
\mathrm{P}_{v_j} \circ \mathrm{P}_f &= (v_j v_j) \circ (v_i \cdots v_j) \\
&= v_i \cdots v_j v_j \\
&= v_i \cdots v_j \\
&= \mathrm{P}_f
\end{aligned}$$

y

$$\begin{aligned}
\mathrm{P}_g \circ \mathrm{P}_{v_j} &= (v_j \cdots v_k) \circ (v_j v_j) \\
&= v_j v_j \cdots v_k \\
&= v_j \cdots v_k \\
&= \mathrm{P}_g
\end{aligned}$$

8.6. Algunas categorías especiales

8.6.1. Categoría opuesta

Dada una categoría C, la *categoría opuesta* C^{op} se define de la siguiente manera. Los objetos de C^{op} son los mismos objetos de C; los morfismos de C^{op} son los mismos morfismos de C, de tal forma que si en C tenemos que f es un morfismo que va de a a b, entonces en C^{op} tenemos que f es un morfismo que va de b a a. Dado que C es una categoría, es fácil demostrar que C^{op} también lo es.

8.6.2. Categoría discreta

Una categoría C es una *categoría discreta* cuando los únicos morfismos en C_1 son identidades. Note que, en este caso, la gráfica que subyace a C es en realidad una 0-gráfica reflexiva.

8.6.3. Co-producto de dos categorías

Sean C y $\mathcal{D}$ dos categorías. El co-producto de C y $\mathcal{D}$, denotado como $C + \mathcal{D}$, es también una categoría cuyos objetos son los objetos de C y $\mathcal{D}$, y cuyos morfismos los morfismos de C y $\mathcal{D}$. Formalmente, los objetos y los morfismos se definen como:

$$\begin{aligned}(C+\mathcal{D})_0 &= C_0 \sqcup \mathcal{D}_0 = \{(a,0) \mid a \in C_0\} \cup \{(a',1) \mid a' \in \mathcal{D}_0\} \\ (C+\mathcal{D})_1 &= C_1 \sqcup \mathcal{D}_1 = \{(f,0) \mid f \in C_1\} \cup \{(f',1) \mid f' \in \mathcal{D}_1\}\end{aligned}$$

donde $(f,0)$ es un morfismo de $(a,0)$ a $(b,0)$ en $C+\mathcal{D}$ si y solo si f es un morfismo de a a b en C, y $(f',1)$ es un morfismo de $(a',1)$ a $(b',1)$ en $C+\mathcal{D}$ si y solo si f' es un morfismo de a' a b' en $\mathcal{D}$.

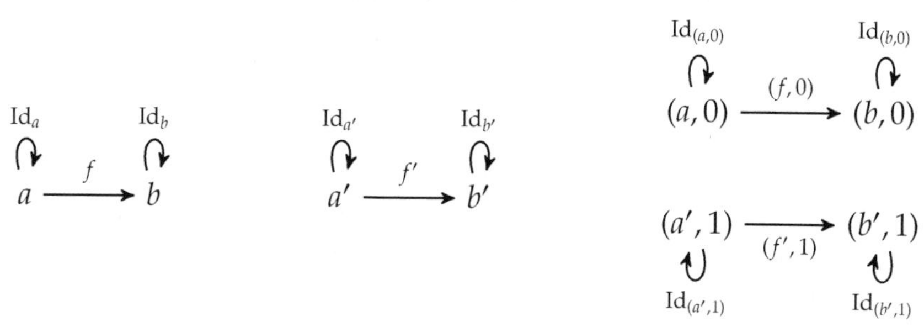

C $\qquad$ $\mathcal{D}$ $\qquad$ $C+\mathcal{D}$

Sea $i = \{0,1\}$; nótese que en $C + \mathcal{D}$, el morfismo identidad de cada objeto (a,i) está dado por $\mathrm{Id}_{(a,i)} = (\mathrm{Id}_a, i)$. Nótese también que si tenemos dos morfismos $(f,i),(g,i)$ con tipos $\langle(a,i),(b,i)\rangle, \langle(b,i),(c,i)\rangle$ respectivamente, entonces la composición $(g,i)\circ(f,i)$ se define como $(g,i)\circ(f,i) = (g\circ f, i)$. Con estas definiciones, si además (h,i) es un morfismo de tipo $\langle(c,i),(d,i)\rangle$, entonces tenemos que:

$$\begin{aligned}
(h,i)\circ\big((g,i)\circ(f,i)\big) &= (h,i)\circ(g\circ f,i) && \text{def. de composición}\\
&= \big(h\circ(g\circ f),i\big) && \text{def. de composición}\\
&= \big((h\circ g)\circ f,i\big) && \text{asociatividad de } C \text{ y } \mathcal{D}\\
&= (h\circ g,i)\circ(f,i) && \text{def. de composición}\\
&= \big((h,i)\circ(g,i)\big)\circ(f,i) && \text{def. de composición}
\end{aligned}$$

Por otro lado

$$\begin{aligned}
\mathrm{Id}_{(b,i)}\circ(f,i) &= (\mathrm{Id}_b,i)\circ(f,i) && \text{def. de identidad}\\
&= (\mathrm{Id}_b\circ f,i) && \text{def. de composición}\\
&= (f,i) && \text{identidad de } C \text{ y } \mathcal{D}
\end{aligned}$$

y

$$\begin{aligned}
(g,i)\circ\mathrm{Id}_{(b,i)} &= (g,i)\circ(\mathrm{Id}_b,i) && \text{def. de identidad}\\
&= (g\circ\mathrm{Id}_b,i) && \text{def. de composición}\\
&= (g,i) && \text{identidad de } C \text{ y } \mathcal{D}
\end{aligned}$$

8.6.4. Producto de dos categorías

Sean C y $\mathcal{D}$ dos categorías. El producto de C y $\mathcal{D}$, denotado como $C\times\mathcal{D}$, es también una categoría cuyos objetos y morfismos son pares. Formalmente, sus objetos se definen como:

$$(C\times\mathcal{D})_0 = \{\,(c,d) \mid c\in C_0 \quad \text{y} \quad d\in\mathcal{D}_0\,\}$$

y existe en $C\times\mathcal{D}$ un morfismo (f,g) de (c,d) a (c',d') si y solo si f y g son morfismos en C y $\mathcal{D}$ con tipo $\langle c,c'\rangle$ y $\langle d,d'\rangle$, respectivamente.

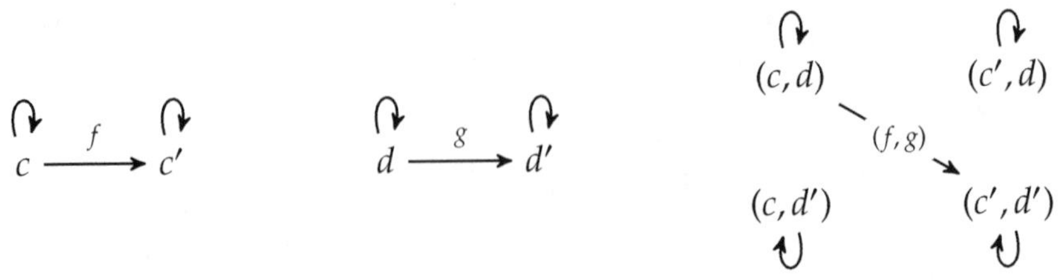

C $\qquad$ $\mathcal{D}$ $\qquad$ $C\times\mathcal{D}$

Para cada objeto (c, d), el morfismo identidad $\mathrm{Id}_{(c,d)}$ se define como $\mathrm{Id}_{(c,d)} = (\mathrm{Id}_c, \mathrm{Id}_d)$ donde $\mathrm{Id}_c, \mathrm{Id}_d$ son los morfismos identidad para c y d en C y $\mathcal{D}$, respectivamente. La composición entre dos morfismos (f, g) y (f', g') se define como $(f, g) \circ (f', g') = (f \circ f', g \circ g')$ donde $f \circ f', g \circ g'$ son las composiciones entre f, f' y g, g' en C y $\mathcal{D}$, respectivamente.

La composición es asociativa, ya que si tenemos tres morfismos (f, g), (f', g'), (f'', g'') tales que

$$\begin{aligned} \mathrm{tipo}((f, g)) &= \langle (c, d), (c', d') \rangle \\ \mathrm{tipo}((f', g')) &= \langle (c', d'), (c'', d'') \rangle \\ \mathrm{tipo}((f'', g'')) &= \langle (c'', d''), (c''', d''') \rangle \end{aligned}$$

entonces

$$\begin{aligned} \big((f'', g'') \circ (f', g')\big) \circ (f, g) &= (f'' \circ f', g'' \circ g') \circ (f, g) \\ &= \big((f'' \circ f') \circ f\, ,\, (g'' \circ g') \circ g\big) \\ &= \big(f'' \circ (f' \circ f)\, ,\, g'' \circ (g' \circ g)\big) \\ &= (f'', g'') \circ (f' \circ f, g' \circ g) \\ &= (f'', g'') \circ \big((f', g') \circ (f, g)\big) \end{aligned}$$

Lo identidad también puede ser compuesta; si tenemos dos morfismos (f, g), (f', g') como antes, entonces

$$\begin{aligned} \big(\mathrm{Id}_{(c',d')} \circ (f, g)\big) &= \big((\mathrm{Id}_{c'}, \mathrm{Id}_{d'}) \circ (f, g)\big) \\ &= (\mathrm{Id}_{c'} \circ f\, ,\, \mathrm{Id}_{d'} \circ g) \\ &= (f\, ,\, g) \end{aligned}$$

y

$$\begin{aligned} \big((f', g') \circ \mathrm{Id}_{(c',d')}\big) &= \big((f', g') \circ (\mathrm{Id}_{c'}, \mathrm{Id}_{d'})\big) \\ &= (f' \circ \mathrm{Id}_{c'}\, ,\, g' \circ \mathrm{Id}_{d'}) \\ &= (f'\, ,\, g') \end{aligned}$$

8.6.5. Porción de una categoría

Sea C una categoría, y sea $\mathbf{c}$ un objeto de C. La *porción de C en* $\mathbf{c}$, denotada como $C/\mathbf{c}$, es la categoría cuyos objetos son todos los morfismos en C con destino $\mathbf{c}$, y en la cual cada morfismo g con tipo $\langle f, f' \rangle$ es un morfismo de C tal que $f = f' \circ g$

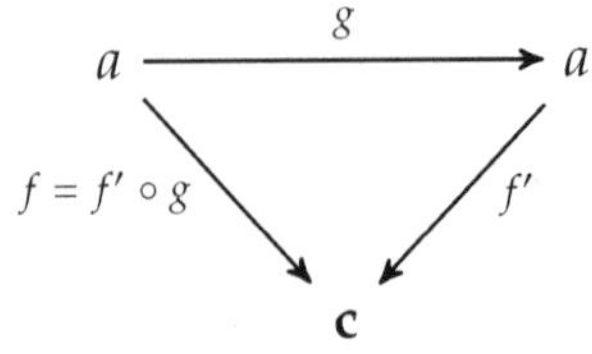

8.7. Lenguajes de programación funcionales como categorías

El intenso interés entre investigadores de ciencias de la computación sobre teoría de categorías es en parte debido a que se ha observado que construcciones en lenguajes de programación funcionales tienen la forma de una categoría. El ejemplo de esta subsección está basado en la sección 2.2 de Barr and Wells (1996).

Un lenguaje de programación funcional puede ser descrito como aquel que proporciona al usuario tipos de datos y operaciones primitivas, y también constructores con los cuales es posible crear nuevos tipos de datos y nuevas operaciones. En este sentido un lenguaje de programación funcional no tiene variables o asignaciones. La ejecución de un programa de este tipo consiste en la aplicación de una operación a datos de entrada para obtener datos de salida.

Un programa de programación funcional tiene, entonces:

1. Tipos de datos primitivos ($\mathtt{A}, \mathtt{B}, \ldots$).
2. Constantes para cada tipo de datos ($c, \ldots$).
3. Operaciones, las cuales son funciones entre los diferentes tipos de datos ($f : \mathtt{A} \to \mathtt{B}, g : \mathtt{B} \to \mathtt{C}, \ldots$).
4. Constructores, que pueden ser aplicados a los tipos de datos y operaciones ya existentes para generar nuevos tipos de datos y nuevas operaciones.

Hagamos las siguientes suposiciones:

- En el lenguaje existe un tipo de datos adicional, que denotaremos como $\mathtt{1}$, tal que para cada tipo de datos $\mathtt{A}$ existe una única operación hacia $\mathtt{1}$. Este tipo de datos nos permite ver a las constantes como operaciones: si c es una constante de tipo $\mathtt{A}$ ($c : \mathtt{A}$), entonces c será interpretada como una operación $c : \mathtt{1} \to \mathtt{A}$.

- Existe una operación $\mathrm{Id}_{\mathtt{A}}$ que hace nada para cada tipo de datos A (primitivo o construido). Si a es de tipo A ($a : \mathtt{A}$), entonces $\mathrm{Id}_{\mathtt{A}}(a) = a$.
- Si tenemos una operación f que tomando un dato de tipo A regresa un dato de tipo B, y otra operación que toma un dato de tipo B y regresa un dato de tipo C, entonces el realizar f y después g es una operación (denotada típicamente como $f;g$), la cual toma una entrada de tipo A y produce una salida de tipo C.

Para nuestros fines la composición debe ser asociativa, es decir, si $(f;g);h$ ó $f;(g;h)$ esta definida, el otro también lo está y ambas son la misma operación. También es necesario que, para una operación $f : \mathtt{A} \to \mathtt{B}$, $f;\mathrm{Id}_{\mathtt{B}}$ y $\mathrm{Id}_{\mathtt{A}};f$ estén definidas como la misma operación que f.

Con estas condiciones, un lenguaje de programación funcional L tiene la estructura de una categoría C_L en la cual

- Cada objeto en C_L es un tipo de datos de L.
- Cada morfismo en C_L del objeto A al objeto B corresponde a una operación $f : \mathtt{A} \to \mathtt{B}$ en L.
- La composición de dos morfismos $f : \mathtt{A} \to \mathtt{B}$, $g : \mathtt{B} \to \mathtt{C}$ en C_L está dada por la composición de operaciones $f;g$ en L.
- El morfismo identidad para cada objeto A de C_L está dada por la operación identidad $\mathrm{Id}_{\mathtt{A}}$.

Es importante hacer notar que C_L es un *modelo* del lenguaje L, no del lenguaje en si. Aunque en la categoría tengamos que las operaciones $f;\mathrm{Id}_{\mathtt{B}}$ y f son iguales, es posible que el código de ambos programas sea diferente.

Como ejemplo, tomemos un lenguaje de programación funcional simple con los tipos de datos NAT (números naturales), BOOL (verdadero o falso) y CHAR (caracteres), con las siguientes características.

- Para NAT tenemos la constante 0 ($0 : 1 \to \mathtt{NAT}$) y la operación sucesor $\mathrm{succ} : \mathtt{NAT} \to \mathtt{NAT}$.
- Para BOOL tenemos dos constantes $\mathrm{V} : 1 \to \mathtt{BOOL}$ y $\mathrm{F} : 1 \to \mathtt{BOOL}$, y una operación $\neg : \mathtt{BOOL} \to \mathtt{BOOL}$ que satisface las siguientes ecuaciones:

$$\mathrm{V};\neg = \mathrm{F} \qquad\qquad \mathrm{F};\neg = \mathrm{V}$$

- Para CHAR tenemos una constante c ($c : 1 \to \mathtt{CHAR}$) para cada caracter c.

Adicionálmente, tenemos dos operaciones entre tipos diferentes: ord : $\mathtt{CHAR} \to \mathtt{NAT}$ y chr : $\mathtt{NAT} \to \mathtt{CHAR}$. Estas operaciones son tales que ord; chr = $\mathrm{Id}_{\mathtt{CHAR}}$ y por supuesto, chr; ord = $\mathrm{Id}_{\mathtt{NAT}}$.

En esta categoría C_L, los objetos son los tipos NAT, BOOL, CHAR y 1. Los morfismos son todas las operaciones que puedan definirse entre dichos tipos de datos, es decir, todos los programas escritos en este lenguaje. Recordemos que en la categoría, dos programas son iguales si ambos definen la misma operación. Por ejemplo, la operación

$$\mathrm{ord}; \mathrm{succ}; \mathrm{chr} : \mathtt{CHAR} \to \mathtt{CHAR}$$

y la operación

$$\mathrm{ord}; \mathrm{chr}; \mathrm{ord}; \mathrm{succ}; \mathrm{chr} : \mathtt{CHAR} \to \mathtt{CHAR}$$

deben ser iguales ya que chr; ord = $\mathrm{Id}_{\mathtt{NAT}}$.

8.8. Sistemas de deducción como categorías

Presentamos ahora un ejemplo que muestra que los sistemas de deducción son esencialmente categorías. Este ejemplo está tomado de la sección 5.6 de Barr and Wells (1996).

Sea $\mathcal{L}$ un lenguaje lógico. Un *sistema de deducción* para el lenguaje $\mathcal{L}$, que denotaremos como $\mathrm{D}_{\mathcal{L}}$, está formado por un conjunto de fórmulas de $\mathcal{L}$ llamadas *axiomas*, y un conjunto de reglas llamadas *reglas de inferencia* que nos permiten deducir nuevas fórmulas a partir de anteriores.

Una *deducción* p de ψ en $\mathrm{D}_{\mathcal{L}}$ es una secuencia de fórmulas $p = (\varphi_1, \ldots, \varphi_n)$ (todas ellas en $\mathcal{L}$) de tal forma que $\varphi_n = \psi$, y cada φ_i es o bien un axioma, o bien ha sido obtenido a partir de las fórmulas $\varphi_1, \ldots, \varphi_{i-1}$ mediante el uso de alguna regla de inferencia. Cuando existe en $\mathrm{D}_{\mathcal{L}}$ una deducción de ψ escribimos $\vdash_{\mathrm{D}_{\mathcal{L}}} \psi$. Omitiremos el subíndice $\mathrm{D}_{\mathcal{L}}$ cuando sea claro cual es el sistema de deducción del cual estamos hablando.

Una deducción p de ψ a partir de ϕ en $\mathrm{D}_{\mathcal{L}}$ es una secuencia de fórmulas $p = (\varphi_1, \ldots, \varphi_n)$ (todas ellas en $\mathcal{L}$) de tal forma que $\varphi_1 = \phi$, $\varphi_n = \psi$, y cada φ_i es o bien un axioma, o bien ha sido obtenido a partir de las fórmulas $\varphi_1, \ldots, \varphi_{i-1}$ mediante el uso de alguna regla de inferencia[1]. Cuando existe en $\mathrm{D}_{\mathcal{L}}$ una deducción de ψ a partir de ϕ escribimos $\phi \vdash_{\mathrm{D}_{\mathcal{L}}} \psi$. Omitiremos

[1]De hecho, para que $\varphi_1, \ldots, \varphi_n$ sea una deducción de ψ a partir de ϕ no es necesario que ϕ sea la primera fórmula; tan solo es necesario que $\varphi_n = \psi$, y cada φ_i sea o bien un axioma, o bien haya sido obtenido a partir de las fórmulas $\varphi_1, \ldots, \varphi_{i-1}$ mediante el uso de alguna regla de inferencia, o bien $\varphi_i = \phi$. La restricción se utiliza, sin perdida de generalidad, a fin de facilitar nuestro ejemplo

el subíndice $D_{\mathcal{L}}$ cuando sea claro cual es el sistema de deducción del cual estamos hablando.

Note lo siguiente:

- Para cualquier fórmula ψ existe la deducción $\mathrm{Id}_{\psi} = (\psi)$ de ψ a partir de ella misma.
- Las deducciones pueden componerse. Si tenemos una deducción $p = (\psi_1, \ldots \psi_n)$ de ψ a partir de ϕ ($\phi = \psi_1$ y $\psi_n = \psi$) y otra deducción $q = (\varphi_1, \ldots \varphi_m)$ de φ a partir de ψ ($\psi = \varphi_1$ y $\varphi_m = \varphi$), entonces podemos construir la deducción $p; q = (\psi_1, \ldots \psi_{n-1}, \psi, \varphi_2, \ldots \varphi_m)$ de φ a partir de ϕ.

Supongamos ahora que, dadas dos fórmulas ϕ, ψ, existe a lo mas una deducción ψ a partir de ϕ. Entonces un sistema de deducción $D_{\mathcal{L}}$ define una categoría $C_{D_{\mathcal{L}}}$ donde

1. cada objeto es una fórmula de $\mathcal{L}$,
2. existe un morfismo de ϕ a ψ si y solo si existe una deducción ψ a partir de ϕ,
3. para cada objeto ψ en $C_{D_{\mathcal{L}}}$, el morfismo identidad está dado por la deducción de ψ a partir de si misma.
4. si tenemos dos morfismos p, q tales que $\mathrm{tipo}(p) = \langle \phi, \psi \rangle$ y $\mathrm{tipo}(p) = \langle \psi, \varphi \rangle$, entonces tenemos dos deducciones que pueden componerse. Existe, por lo tanto, la deducción $p; q$ y entonces existe la composición entre ambos morfismos,
5. dado que para dos fórmulas ϕ, ψ existe a lo mas una deducción ψ a partir de ϕ, entonces las deducciones $p; (q; r)$ y $(p; q); r$ son iguales ($\mathrm{tipo}(r) = \langle \varphi, \pi \rangle$), y lo mismo sucede con $p; \mathrm{Id}_{\psi}, f$ y $\mathrm{Id}_{\psi}; q$.

8.9. El modelo semántico de la lógica epistémica proposicional

En la lógica proposicional clásica solo podemos expresar que una fórmula es verdadera o falsa. Para ciertas situaciones esto es inconveniente porque es necesario expresar distintos matices o modalidades del valor de verdad de una fórmula. La lógica modal es una herramienta con la que podemos trabajar en este tipo de situaciones.

Sintácticamente la lógica modal utiliza, además de los conectivos lógicos usuales, el operador modal $\Box$ que es interpretado de acuerdo a nuestras necesidades. Si queremos representar la modalidad de necesidad entonces la fórmula $\Box\varphi$ es interpretada como "*φ es necesariamente verdadero*"; si queremos representar la modalidad de certeza en cualquier momento futuro, $\Box\varphi$ es interpretada como "*φ será cierta en cualquier momento a partir de ahora*".

La lógica epistémica nació como una lógica modal en la cual el operador $\Box$ tiene una interpretación epistémica: fórmulas del tipo $\Box\varphi$ se interpretan como "*se sabe que φ*". En este contexto el operador modal se representa como K. Ronald Fagin, Joseph Y. Halpern y Moshe Y. Vardi iniciaron a principios de los 80s una serie de trabajos que revivieron el enfoque modal de la lógica epistémica al utilizarla en el análisis de sistemas multi-agentes. La idea fue introducir multiples agentes y concentrarse en razonar acerca del conocimiento que tienen los agentes sobre el conocimiento de los demás. La lógica epistémica se volvió entonces una lógica multi-modal al utilizarse un operador modal K_i por cada agente i: fórmulas del tipo $K_i\varphi$ se interpretan como "*el agente i sabe que φ*". La sintaxis de esta lógica se define de la siguiente forma:

$$\varphi ::= p \mid \neg\varphi \mid (\varphi \vee \psi) \mid K_i\varphi$$

donde p es una proposición básica, i un agente y φ, ψ son fórmulas en el lenguaje.

En general, un agente puede no conocer exactamente como es el entorno en el que se encuentra: posiblemente tenga seguridad sobre la veracidad o falsedad de algunas situaciones, pero posiblemente existan algunas situaciones cuya veracidad o falsedad desconozca. En estos casos, un agente considera entonces varios mundos como posibles: en algunos estas situaciones sobre las cuales tiene incertidumbre son verdaderas y el otros estas situaciones son falsas. El agente solo esta seguro de aquello que es verdadero en todos los mundos que considera posibles. Esta es precisamente la idea intuitiva detrás de un marco de mundos posibles. Este marco de mundos posibles es precisamente el modelo semántico en el cual reciben valor de verdad las fórmulas de la lógica epistémica.

Formalmente, dado un conjunto de agentes $\mathcal{A}$, un marco de mundos posibles $M = (W, R_i)$ esta formada por:

- W es un conjunto no vacío. Cada elemento de W es un *mundo posible* o una *situación posible*.
- Para cada agente $i \in \mathcal{A}$, R_i es una relación binaria entre elementos de W ($R_i \subseteq (W \times W)$). R_i es llamada la *relación de accesibilidad* para el

agente i. Si w es el mundo real, el agente i considera posibles todos aquellos mundos posibles u tales que $(w,u) \in R_i$.

Nótese que si tenemos un solo agente, un marco de Kripke $M = (W, R)$ es una 1-gráfica $\mathbf{K}_M$ en la cual cada 0-celda es un mundo posible ($\mathbf{K}_0 = W$) y existe una 1-celda f desde el mundo w al mundo u (origen(f) $= w$ y destino(f) $= u$) si y solo si $(w,u) \in R$.

Las propiedades de la relación de accesibilidad influyen en las propiedades que tiene el conocimiento de cada agente:

1. Si la relación R_i es reflexiva, entonces se cumple el llamado *Axioma de Conocimiento* o *Axioma de verdad*:

   $K_i\varphi \to \varphi$ Si i sabe que φ, entonces φ es cierto.

2. Si la relación R_i es transitiva, entonces se cumple el llamado *Axioma de Introspección Positiva*:

   $K_i\varphi \to K_iK_i\varphi$ Si i sabe que φ, entonces i sabe que sabe que φ.

3. Si la relación R_i es transitiva y simétrica, entonces se cumple el llamado *Axioma de Introspección Negativa*:

   $\neg K_i\varphi \to K_i\neg K_i\varphi$ Si no es cierto que i sepa que φ, entonces i sabe que no sabe que φ.

Si se cumplen los tres axiomas anteriores (es decir, si las relaciones de accesibilidad son relaciones de equivalencia) entonces un marco de Kripke para un solo agente $M = (W, R)$ es una categoría ya que:

1. La 1-gráfica $\mathbf{K}_M$ es una 1-gráfica reflexiva: como la relación de accesibilidad R es reflexiva, entonces para todo $w \in W$ existe $(w,w) \in R$. Esto significa que para cada 0-celda $a \in \mathbf{K}_0$ existe una 0-celda $f \in \mathbf{K}_1$ tal que origen(f) = destino(f) = a

2. Existe la composición: como R es transitiva, $(w,u),(u,v) \in R$ implica $(w,v) \in R$. Esto significa que si tenemos dos 1-celdas $f, g \in \mathbf{K}_1$ tales que destino(f) = origen(g) entonces existe una 1-celda en R denotada como $g \circ f$ tal que

   $$\text{origen}(g \circ f) = \text{origen}(f) \qquad \text{y} \qquad \text{destino}(g \circ f) = \text{destino}(g)$$

3. Esta composición es asociativa y además existe la composición con la identidad.

8.10. Autómatas

Definamos un autómata A como una tupla $A = (\Sigma, Q, \Gamma, \delta, \lambda, q_0)$ donde

- Σ es el conjunto de símbolos de entrada.
- Q es el conjunto de estados.
- Γ es el conjunto de símbolos de salida.
- $\delta : Q \times \Sigma \to Q$ es la función de transición.
- $\lambda : Q \to \Gamma$ es la función de salida.
- $q_0 \in Q$ es el estado inicial.

Inicialmente, el autómata se encuentra en el estado q_0. Dada una cadena de entrada σ formada por símbolos en Σ, el autómata lee dicha cadena símbolo por símbolo de izquierda a derecha. De acuerdo a la función de transición δ, el autómata cambia de estado dependiendo del estado en el que se encuentre y del símbolo leído (ambos estados pueden ser el mismo); de acuerdo a la función de salida, cada vez que entra a un estado, el autómata genera un símbolo de salida. De esta forma, al termina de leer una cadena de entrada σ formada por símbolos en Σ, el autómata ha generado una cadena de salida γ formada por símbolos en Γ.

Sea A un autómata definido como $(\{0,1\}, \{q_0, q_1, q_2\}, \{a, b, c\}, \delta, \gamma, q_0)$ donde las funciones de transición y de salida son las siguientes:

$$\begin{array}{ll}
\delta(q_0, 0) = q_0 & \gamma(q_0) = a \\
\delta(q_0, 1) = q_1 & \gamma(q_1) = b \\
\delta(q_1, 0) = q_2 & \gamma(q_2) = c \\
\delta(q_1, 1) = q_0 & \\
\delta(q_2, 0) = q_1 & \\
\delta(q_2, 1) = q_2 &
\end{array}$$

Con la cadena de entrada 1101, el autómata A se comporta de la siguiente manera:

Entrada	Estado	Salida
1101	q_0	
101	q_1	**b**
01	q_0	b**a**
1	q_0	ba**a**
	q_1	baa**b**

Dados dos autómatas A_1 y A_2 tales que $A_1 = (\Sigma_1, Q_1, \Gamma_1, \delta_1, \lambda_1, q_0)$ y $A_2 = (\Sigma_2, Q_2, \Gamma_2, \delta_2, \lambda_2, p_0)$, podemos definir una relación f de A_1 a A_2 mediante la tupla

$$f = (\, f_\Sigma : \Sigma_1 \to \Sigma_2,\ f_Q : Q_1 \to Q_2,\ f_\Gamma : \Gamma_1 \to \Gamma_2\,)$$

en la cual, para cada $a \in \Sigma_1$ y $q \in Q_1$:

- $f_Q(\delta_1(a, q)) = \delta_2(f_\Sigma(a), f_Q(q))$
- $f_\Gamma(\lambda_1(q)) = \lambda_2(f_Q(q))$
- $f_Q(q_0) = p_0$

Esta relación, que hace que el autómata A_1 se comporte como el autómata A_2, nos permite definir una categoría en la cual cada objeto es un autómata.

8.11. Comportamientos de autómatas

Sea $A = \langle X, S, Y, \delta, \lambda, \sigma \rangle$ un *X-automata*. Si extendemos $\delta : X \times S \to S$ a $\delta^* : X^* \times S \to S$ como:

$$\delta^*(\epsilon, s) = s$$
$$\delta^*(wx, s) = \delta(x, \delta^*(w, s))$$

donde $s \in S$, $x \in X$ y $w \in X^*$.

El *comportamiento de A* (beh_A) esta definido como el mapeo $beh_A : X^* \to Y$ con

$$beh_A(w) = (\lambda \circ \delta^*)(w)$$

De manera mas general, si definimos un *X-comportamiento* como un par $\langle \beta : X^* \to Y, Y \rangle$ para cualquier conjunto Y, y para cada par de *X-comportamientos* $B_1 = \langle \beta_1, Y_1 \rangle$ y $B_2 = \langle \beta_2, Y_2 \rangle$ un morfismo $f : B_1 \to B_2$ como una tripleta $\langle B_1, f : Y_1 \to Y_2, B_2 \rangle$ tal que $f \circ \beta_1 = \beta_2$, entonces la clase de todos los *X-comportamientos* con los morfismos entre ellos forman una categoría denotada como $\mathbf{Beh}_X$

Capítulo 9
Ejemplos de Funtores

9.1. El funtor identidad

Sea C una categoría. El *funtor identidad* Id_C está definido como $\mathrm{Id}_C(a) = a$ para todo objeto $a \in C_0$ y como $\mathrm{Id}_C(f) = f$ para todo morfismo $f \in C_1$. Este funtor es, por supuesto, co-variante.

9.2. Un funtor contra-variante

Sea C una categoría, y sea C^{op} su categoría opuesta, tal y como se definió en la subsección 8.6.1. Un funtor $\mathcal{F}$ de C a C^{op} es claramente un funtor contra-variante.

9.3. El funtor constante

Sean C y $\mathcal{D}$ dos categorías; sea d un objeto en $\mathcal{D}$. El *funtor constante* d de C a $\mathcal{D}$ manda todo objeto a en C_0 al objeto d en $\mathcal{D}_0$, y a todo morfismo f en $\mathcal{D}_1$ al morfismo Id_d en $\mathcal{D}_1$

$$\begin{aligned} \mathsf{d}(a) &= d && \text{para } a \in C_0 \\ \mathsf{d}(f) &= \mathrm{Id}_d && \text{para } f \in C_1 \end{aligned}$$

9.4. El funtor potencia

Sea A un conjunto; el *conjunto potencia* $P(A)$ está formado por todos los subconjuntos de A. Podemos definir un funtor $\mathcal{P}$ con $\mathrm{tipo}(\mathcal{P}) = \langle \mathbf{Set}, \mathbf{Set} \rangle$ donde **Set** es la categoría definida en la sección 8.2.2.

Para cada objeto A en **Set**, dicho funtor $\mathcal{P}$ está definido como $\mathcal{P}(A) = A$; para cada morfismo f con tipo(f) = $\langle A, B\rangle$, $\mathcal{P}$ está definido como $\mathcal{P}(f) = f_*$ donde tipo(f_*) = $\langle P(A), P(B)\rangle$ y la función f_* se define como

$$f_*(A') = \{ f(a') \mid a' \in A' \}$$

9.5. El modelo semántico de la lógica dinámica epistémica proposicional

En la sección 8.9 anterior hablamos un poco acerca de la lógica epistémica y de su utilidad para expresar el conocimiento que pueden tener un conjunto de agentes acerca del entorno en el que se encuentra. Sin embargo, el conocimiento no es algo estático, sino que cambia a consecuencia de la nueva información que estamos recibiendo constantemente. Es por lo tanto interesante poder describir que es lo que pasa cuando en un entorno como el anterior un agente recibe algún tipo de información. Este es el ámbito de trabajo de la lógica dinámica epistémica: describir como cambia el conocimiento que tienen un conjunto agentes cuando se realiza alguna acción.

Para simplificar este ejemplo, supondremos que las únicas acciones que se pueden llevar a cabo son aquellas en las que se anuncia la veracidad o falsedad de alguna situación, es decir, las acciones son de la forma $A_{\mathcal{B}}\varphi$ y son interpretadas como *"todos los agentes en $\mathcal{B}$ aprenden que φ es cierta"*. La sintaxis de este lenguaje dinámico epistémico es ahora de la forma

$$\varphi ::= p \mid \neg\varphi \mid (\varphi \vee \psi) \mid K_i\varphi \mid [A_{\mathcal{B}}\varphi]\psi$$

donde p es una proposición básica, i un agente, $\mathcal{B}$ un subconjunto de agentes y φ, ψ son fórmulas en el lenguaje. Las fórmulas del tipo $[A_{\mathcal{B}}\varphi]\psi$ se leen como *"después de que se realizara la acción $A_{\mathcal{B}}\varphi$, ψ es verdadera"*.

¿Cómo se interpretan semánticamente este tipo de acciones? Si el conocimiento que tiene cada agente es descrito con un marco de mundos posibles, entonces cada acción nos debe de llevar del marco que describe el conocimiento de los agentes *antes* de la acción al marco que describe el conocimiento de los agentes *después* de la acción. La idea intuitiva es los agentes en $\mathcal{B}$, al aprender que φ es cierta, ya no considerarán como posibles aquellos mundos donde φ es falsa. En particular, cada agente eliminará entonces aquellos pares de su relación de accesibilidad que involucren mundos posibles donde φ no se cumple.

En el caso de un solo agente, formalmente tenemos que si $M_1 = (W, R)$ describe su conocimiento en algún momento, entonces el marco $M_2 = (U, S)$ que describe su conocimiento después que le ha sido anunciado que φ es cierta es tal que:

- $S = \{ (w, u) \in R \mid \varphi \text{ es cierta en } w \text{ y en } u \}$
- $U = \{ u \in W \mid (\_, u) \in S \text{ ó } (u, \_) \in S \}$

En el capítulo anterior mostramos que un marco de Kripke para un solo agente define una categoría $\mathbf{K}_M$. Cada acción de la forma $A\varphi$ (donde solo un jugador aprende que φ es cierta) define entonces un funtor co-variante entre el marco $M_1 = (W, R)$ que describe el conocimiento de dicho jugador *antes* de la acción y el marco $M_1 = (U, S)$ que describe su conocimiento *después* de la acción. Para demostrar lo anterior, hay que probar que la relación de accesibilidad S sigue siendo una relación de equivalencia (es decir, que M_2 define una categoría) y que $A\varphi$ define un funtor.

Demostremos primero que si R es una relación de equivalencia, entonces S lo sigue siendo:

- Sea $u \in U$; como u está en U entonces φ es cierta en u. Como u esta también en W, entonces existe (u, u) en W; como φ es cierta en u, entonces (u, u) está también en S. Por lo tanto, S es reflexiva.
- Sean (w, u) y (u, v) en R; como R es transitiva entonces (w, v) está en R.
- Sea $(w, u) \in S$; esto significa que (w, u) está en R y al ser R simétrica, (u, w) también lo está. Como (w, u) esta en S, entonces φ es cierta tanto en w como en u (en otro caso, (w, u) hubiera sido eliminado) por lo cual (u, w) está también en S; en otras palabras, S es simétrica.

Apéndice A
Estructuras Algebraicas

A.1. Alfabetos y axiomas

Existen diversas maneras de presentar estructuras algebraicas. Aquí las definiremos en base a alfabetos y axiomas.

Un *alfabeto* es una colección de símbolos con los cuales podemos, en base a ciertas reglas, construir palabras. Los símbolos que utilizaremos son de la forma

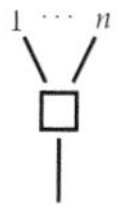

para $0 \leq n$. Para construir palabras unimos símbolos conectando sus ramas. No esta permitido modificar la posición de un símbolo mediante rotaciones.

A.1.1 Ejemplo. Dado el siguiente alfabeto:

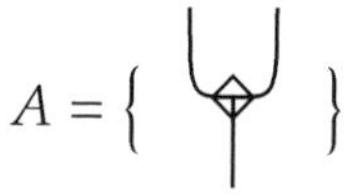

podemos construir palabras como las siguientes:

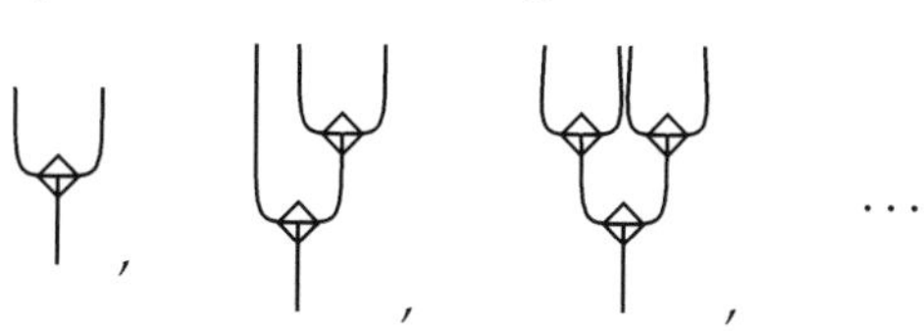

Nótese que

no es una palabra generada por A.

A.1.2 Ejemplo. Dado el siguiente alfabeto:

podemos construir palabras como las siguientes:

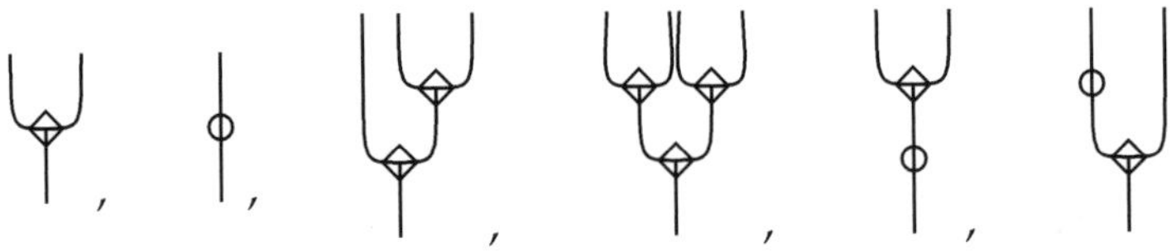

Lo que diferencía una estructuras algebraica de otra es no es solo el alfabeto de cada una de ellas sino la relación de equivalencia que se da entre las palabras que se pueden construir con cada alfabeto. Sea A un alfabeto. La relación de equivalencia se establece por medio de axiomas de la forma

$$\Psi \sim \Upsilon$$

donde Ψ y Υ son palabras generadas con el alfabeto A. Este axioma indica que el cualquier palabra generada por el alfabeto A podemos substituir Ψ por Υ (o viceversa) y obtendremos una palabra equivalente.

A.1.3 Ejemplo. Dado el alfabeto del ejemplo A.1.1 y el siguiente axioma:

$$\Psi \sim \Upsilon$$

Definiremos ahora cada una de las estructuras algebraicas en los términos anteriores.

A.2. Semigrupo

A.2.1 Definición (Semigrupo). Un *semigrupo* esta constituido por

- Un alfabeto de un símbolo

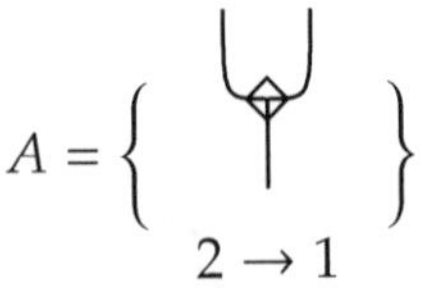

- El axioma de asociatividad:

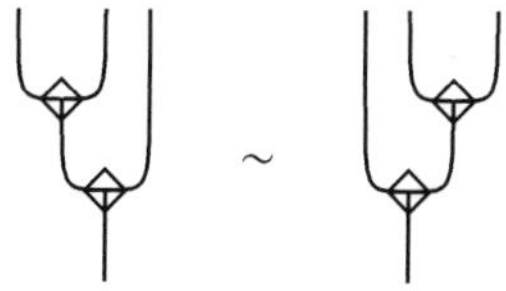

Asociatividad

A.3. Co-semigrupo

A.3.1 Definición (Co-semigrupo). Un *co-semigrupo* esta constituido por

- Un alfabeto de un símbolo

$A = \{$  $\}$

$1 \to 2$

- El axioma de co-asociatividad:

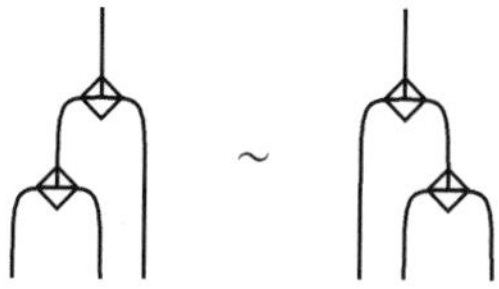

Co-asociatividad

A.4. Monoide

A.4.1 Definición (Monoide). Un *monoide* esta constituido por

- Un alfabeto de dos símbolos

$A = \{$  ,  $\}$

$2 \to 1 \qquad 0 \to 1$

- El axioma de asociatividad.
- El axioma de elemento neutro:

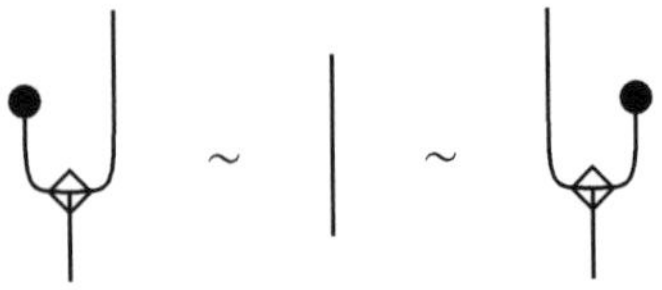

Elemento neutro

A.5. Co-monoide

A.5.1 Definición (Co-monoide). Un *co-monoide* esta constituido por

- Un alfabeto de dos símbolos

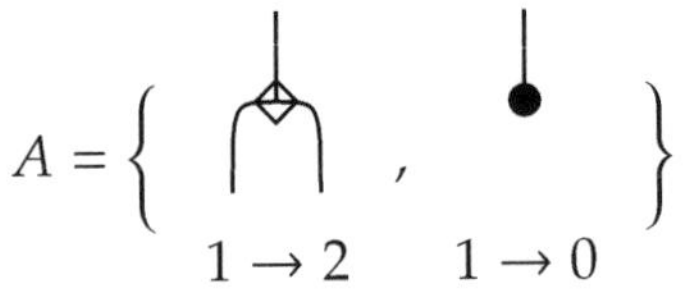

- El axioma de co-asociatividad.
- El axioma de elemento co-neutro:

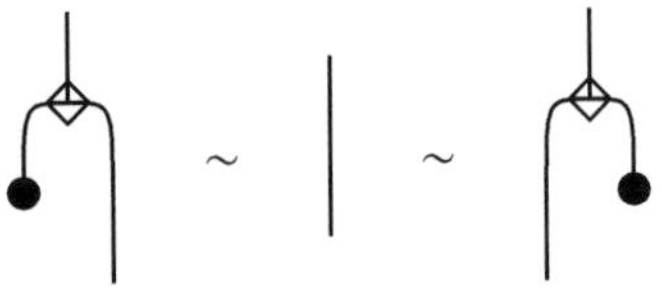

Elemento co-neutro

A.6. Grupo

A.6.1 Definición (Grupo). Un *grupo* esta constituido por

- Un alfabeto de cinco símbolos

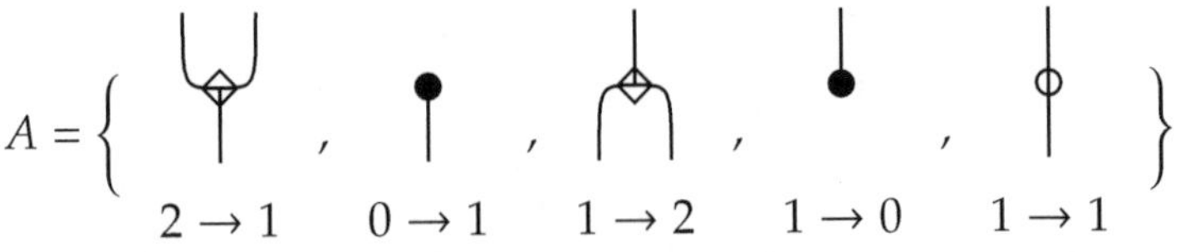

- El axioma de asociatividad y de co-asociatividad, que en conjunto se conocen como el axioma de bi-asociatividad.
- El axioma de elemento neutro y de elemento co-neutro, que en conjunto se conocen como el axioma de elemento bi-neutro.
- El axioma de elemento inverso:

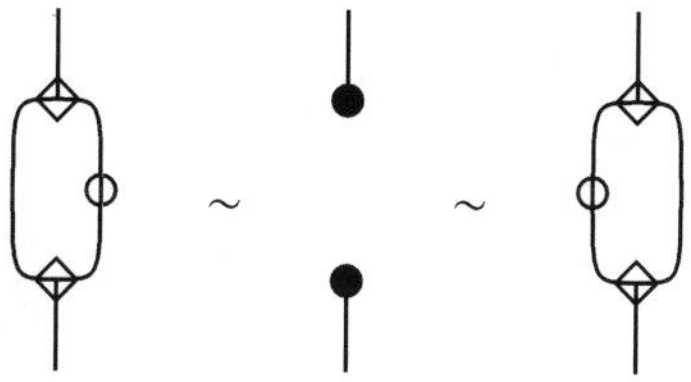

Elemento inverso

Bibliografía

Barr, M. and Wells, C. (1996). *Category Theory for Computing Science*. Prentice Hall.

Borceux, F. (1994). *Handbook of categorical algebra*. Cambridge University Press. 3 volumes.

Gray, J. W. (1989). The category of sketches as a model for algebraic semantics. *Contemporary Mathematics*, 92:109–135.

Lawvere, F. W. (1963). Functorial semantics of algebraic theories. In *Proceedings of the National Academy of Sciences U.S.A.*, volume 50, pages 869–872.

Lawvere, F. W. and Schanuel, S. (1997). *Conceptual Mathematics: A first introduction to categories*. Cambridge University Press. Spanish edition: Siglo XXI Editores 2002.

MacLane, S. (1997). *Categories for the Working Mathematician*. Number 5 in Graduate Texts in Mathematics. Springer-Verlag, second edition. First Edition 1971.

Marmolejo, F. (2004). Teoría objetiva de números. III Taller de Gráficas-Operadas-Lógicas.

Youssef, S. (2004). Prospects for category theory in axiom.

Índice de figuras

Índice alfabético

Symbols

Numbers

A

B

C

D

Printed in the United States
By Bookmasters